Technische Mechanik

von

Emil Schnack VDI

Teil I: Bewegungslehre

2. erweiterte und verbesserte Auflage

Mit 130 Abbildungen
und vielen Beispielen

München und Berlin 1941
Verlag von R. Oldenbourg

Druck von R. Oldenbourg
Printed in Germany

Vorwort zur ersten Auflage.

Diese aus zwei Teilen bestehende Technische Mechanik setzt nur etwas Übung in der Buchstabenrechnung voraus. Sie ist daher für weite Kreise geeignet, für gewerblich-technische Schulen, Werkschulen, technische Abendschulen, für die Lehrgemeinschaften der Deutschen Arbeitsfront und nicht zuletzt zum Selbstunterricht.

Auch für das weitergehende Ingenieurstudium wird diese Mechanik als erste Einführung nützlich sein. Da Teil II (Gleichgewichtslehre) für sich allein verständlich ist, kann auch damit begonnen werden.

Meine Arbeit ist das Ergebnis vielseitiger Unterrichtserfahrungen und Erprobungen in Tages- und Abendkursen, auch in der Deutschen Arbeitsfront. Nützliche Anregungen empfing ich ferner als Lehrer in Vorklassen zu Staatlichen Ingenieurschulen.

Für den Wert eines einführenden Lehrbuches ist nicht so sehr der Umfang maßgebend als die Form der Darstellung. Diese muß leicht verständlich und auch zur Selbsterarbeitung besonders geeignet sein, denn jede gründliche Bildung beruht letzten Endes auf Selbstbildung. Schulen und Lehrbücher sollen die Selbstbildung beschleunigen und erleichtern. Darum war ich nach Kräften bestrebt, den Lehrstoff einfach, gründlich, betriebsnahe und so anschaulich wie irgend möglich zu gestalten.

Viele Mühe verwandte ich darauf, eindringliche, den Beschauer möglichst unmittelbar ansprechende Bilder zu entwickeln. Die Kerngedanken der Mechanik werden erläutert an handgreiflichen Beispielen aus den verschiedensten Gebieten tech-

1*

nischer Arbeit. Sie halten das Interesse wach und ermüden den Leser weniger leicht.

Man lernt bekanntlich am meisten aus Fehlern, die man selbst begangen hat. Darum muß der Leser immer wieder versuchen, die mitgeteilten Lösungen selbständig zu wiederholen, bis es ihm ohne Hilfe des Buches gelingt. Insbesondere bemühe er sich, in allen äußerlich noch so verschiedenen Fällen den Kern zu erkennen und dadurch den richtigen Ansatz zu finden. Nur durch nachschaffende Mitarbeit und Übung erwirbt man Sicherheit.

Notwendig ist es, daß der Leser angeregt wird, auch seine eigene Berufsarbeit zu durchdenken. Mit dem aus diesem Buche Erlernten lassen sich schon sehr viele alltägliche Aufgaben lösen. Für die Mehrzahl der Techniker und Ingenieure genügt es, verhältnismäßig wenige, aber wirklich begriffene Gesetze verständnisvoll anwenden zu können.

Fachbücher sollen mehr als bisher benutzt und in den Dienst des Vierjahresplanes gestellt werden. In den Kursen erübrigt sich dann das Mitschreiben und Mitzeichnen. Der Lehrer gewinnt viel Zeit für den eigentlichen Unterricht.

Die nationalsozialistische Weltanschauung hat auch den Beruf zum Kampfplatz gemacht. Der Beruf dient nicht nur zum Lebensunterhalt des einzelnen, sondern vor allem zur Sicherung der ganzen Volksgemeinschaft. Hierbei dem schaffenden deutschen Menschen zu helfen, ist der Zweck dieses in langjähriger Arbeit entstandenen Buches.

Kiel, September 1939.

E. Schnack.

Vorwort zur zweiten Auflage.

Zahlreiche anerkennende Urteile bekunden, daß dies fortschrittliche Lehrbuch das bietet, was man sucht, um Hilfskräfte für Büro und Betrieb heranzubilden. Die Bändchen bewährten sich im Schulunterricht, in den Lehrgemeinschaften der DAF und in der innerbetrieblichen Schulung, die viele Werke durchführen. Eine willkommene Hilfe wurde das Buch auch denen, die nur auf Selbstunterricht angewiesen sind.

Das Buch will einsatzbereite, weiterstrebende Volksgenossen gründlich und rasch schulen im einfachen, klaren, technischen Denken. Daß dies mit nur wenigen Formeln und Regeln gelang, wurde allgemein gelobt.

Tatsächlich ist nicht die Gelegenheit zu algebraischen Übungen das Wesentliche, sondern die bildende Kraft der Mechanik. Dies eigentlich Wertvolle habe ich möglichst ausgeschöpft, wobei ich es vermied, den Stoff unnötig gelehrt und trocken darzustellen. Auch deshalb dürften die Bändchen so starken Beifall gefunden haben.

Viele Schaffende besuchen zunächst mehrere Halbjahre lang Abendkurse in Algebra. Aber häufig genügt ihre Ausdauer nicht, anschließend noch das zu treiben, was ihnen unmittelbar nützt, Technische Mechanik.

Dies Lehrbuch ist schon nach kurzfristiger Übung im Umformen einfachster Gleichungen verständlich. Damit läßt sich schon genug aus der Mechanik begreifen. Die Bändchen nehmen Rücksicht auf die Zeit und Kraft der Leser, die sich vorwiegend nur abends weiterbilden können.

Häufig erweckte diese anschauliche, lebensvolle Darstellung sogleich das dauernde Interesse des Neulings. Auch hierdurch erfüllt sie eine wichtige Vorbedingung zu seiner Förderung.

Das Buch knüpft an das handwerkliche, praktische Gefühl des Lesers an. Es geht von seiner Erfahrungswelt aus, vom praktischen Fall, dem frischen Quell aller Arbeit. Ohne lange Umschweife stößt es unmittelbar zur Sache selbst vor in einfacher, natürlicher Weise. Praktischer Sinn und theoretische Einsicht befruchten sich wechselseitig und fördern den Leser, so daß er zu höherer Leistung in der Werksgemeinschaft befähigt wird.

An diesen bewährten Grundsätzen hält auch die zweite Auflage fest. Neuer Stoff wurde nicht aufgenommen, wohl aber der vorhandene noch klarer dargeboten. Hierzu tragen etwa siebzig neue Bilder bei.

Das Buch dürfte dadurch noch mehr zum Selbststudium geeignet sein und weiter werben für die Beschäftigung mit Mechanik, den Grundlagen technischer Bildung.

Kiel, Mai 1941.   E. Schnack.
Hohenzollernring 52.

Inhaltsverzeichnis.

Die mit einem * versehenen Abschnitte können
zunächst überschlagen werden.

Einleitung.

A. Schon die alten Griechen kannten wichtige Gesetze der Mechanik. Diese Bezeichnung kommt vom griechischen mechane und bedeutete soviel wie Werkzeug. Hammer, Bohrer und andere Werkzeuge sind Kräften ausgesetzt.

Die Mechanik ist die **Lehre von der Kraft.** Sie zählt zu den Grundwissenschaften der Technik.

Die Bewegungslehre untersucht fortschreitende Kräfte, die Gleichgewichtslehre stillstehende Kräfte.

Man nennt die Bewegungslehre auch Dynamik (vom griech. dynamis = Kraft) und die Gleichgewichtslehre Statik (vom griech. stasis = Stillstand)[1].

B. Im Kampfe um die Beherrschung der Natur sucht man durch scharfes Beobachten und Messen Fortschritte zu erzielen. Das **Messen** ist besonders kennzeichnend für die Naturwissenschaft und ist ihre Stärke. Dagegen entzieht sich z. B. künstlerisches Schaffen jeglicher Wertung durch Messen.

Formelzeichen und Maßeinheiten:

P	Kraft	kg	A	Arbeit, Wucht	kgm
G	Gewicht	kg			PSh
s	Weg, Hub	m	M	Moment	kgm
p	Gasdruck	kg/cm²	N	Pferdeleistung	PS
t	Zeit	s, min, h	n	Umlaufzahl	/min
v	Geschwindigkeit	m/s	η	Wirkungsgrad	—
		km/h	μ	Reibungszahl	—
b	Beschleunigung	m/s²	ϱ	Reibungswinkel	Grad
m	Masse	kg/m/s²	α	Steigungswinkel	»

Formelzeichen werden schräg, Maßeinheiten senkrecht gedruckt. Das s für den Weg weicht nur wenig ab von dem s für Sekunde. Dieser Unterschied fehlt in den Abbildungen! Dort pflegt man alle Buchstaben schräg zu drucken.

Manche Zeichen sind Anfangsbuchstaben lateinischer Wörter, z. B.:

pondus = Kraft   hora = Stunde
spatium = Weg   velocitas = Geschwindigkeit
tempus = Zeit   numerus = Anzahl

[1] Betone den hervorgehobenen Buchstaben: Mechanik, Dynamik, Statik.

Bewegungslehre.

1. Hälfte.

I. Gleichförmige Bewegung.

1. Geradlinige Bewegung.

a) Grundformel.

Der Wagen in Bild 1 legte

in 12 Sek.   960 m zurück,

also in   1 s $\dfrac{960}{12} = 80$ m.

Die **Geschwindigkeit** betrug 80 m in **1** s. Hier
für schreibt man kurz 80 m/s und liest »80 m je
Sekunde«.

Bild: 1   2

Die **Geschwindigkeit** (Weg in der Zeiteinheit)
wird mit v abgekürzt, der **Weg** mit s, die **Zeit**
mit t. Unser bestimmtes Zahlenbeispiel $\dfrac{960}{12} = 80$
verallgemeinert, ergibt $\dfrac{s}{t} = v$ oder

$$v = \frac{s}{t} \quad \ldots \ldots \ldots \quad (1)$$

Um v in m/s zu erhalten, setze s in m und t in s ein.

Der Wagen legte in jeder Sekunde die gleiche Strecke zurück. Eine solche Bewegung heißt gleichförmig. Ein fallender Stein bewegt sich immer rascher, also ungleichförmig.

b) Anwendung.

Beisp. 1. Der Schatten eines Luftschiffes (Bild 2) ermöglicht, die Fluggeschwindigkeit zu ermitteln. Als der Schatten den Graben erreichte, drückte der Steuermann auf die Stechuhr. Er hält sie an, sobald sich der Schatten vom Graben trennt.

Die Uhr zeigt 8,4 s an. Berechne die Fluggeschwindigkeit.

Da 245 m in 8,4 s zurückgelegt wurden, ist

$$v = \frac{s}{t} = \frac{245}{8,4} = 29,2 \text{ m/s.}$$

Vergleiche hiermit die Geschwindigkeit des Rennwagens!

Beisp. 2. Um zu erfahren, wie hoch das Luftschiff fliegt, gibt der Steuermann einen Schuß ab. Der Erdboden wirft den Knall zurück. Ein Trichter an der Gondel fängt das Echo auf. Die zwischen Schuß und Echo verstrichene Zeit ist sehr kurz und läßt sich deshalb mit einer Stechuhr nicht genau genug messen. Hierzu dient ein elektrisches Gerät.

Wir lesen 0,78 s ab. Wie hoch fliegt das Luftschiff? Die Geschwindigkeit des Schalles beträgt 333 m/s.

Aus $\frac{s}{t} = v$ folgt $s = v \cdot t = 333 \cdot 0,78 = 260$ m.

Also Flughöhe $= 260 : 2 = 130$ m.

Beisp. 3. In einem Eisenbahnwagen verspürt man deutlich die Stöße, die durch die Lücken in den Schienen entstehen. Wir zählen die Stöße, bezeichnen aber den 1. Stoß mit 0. In 22 s zählen wir bis 17. Die Schienen sind 15 m lang. Ermittle die Geschwindigkeit des Zuges.

In 22 s wurden 17 Schienen überfahren.

$$v = \frac{s}{t} = \frac{17 \cdot 15}{22} = 11,6 \text{ m/s.}$$

Erfolgt in jeder Sekunde 1 Stoß, so ist $v = 15$ m/s.

Beisp. 4. Das Werkzeug einer Blechkantenhobelmaschine hat eine Schnittgeschwindigkeit von 12 m/min $= 0,2$ m/s. Berechne die für einen 9 m langen Hub benötigte Zeit.

Aus $v = \frac{s}{t}$ folgt $t \cdot v = s$ und hieraus

$$t = \frac{s}{v} = \frac{9}{0,2} = 45 \text{ s} \leftarrow \text{Maßeinheit.}$$
$$\uparrow \text{ Maßzahl}$$

c) Prüfung der Maßeinheiten.

Meistens genügt es, nur hinter das Ergebnis die Maßeinheit zu schreiben. Es ist aber sehr lehrreich, die Rechnung auch einmal auf die so wichtigen Maßeinheiten auszudehnen. Ein schräger Bruchstrich gilt soviel wie ein waagrechter, z. B. ist $^2/_5 = \frac{2}{5}$ und sinngemäß m/s $= \frac{\text{m}}{\text{s}}$.

Die Maßeinheit des Ergebnisses folgt zwangläufig aus der vorhergegangenen Rechnung. Daran erkennt man, ob die benutzte Formel richtig gebaut ist. Beide Seiten müssen die gleiche Maßeinheit aufweisen. Maßeinheiten kürzen sich weg wie Zahlen:

Weg $s = v \cdot t = 30 \text{ m/s} \cdot 8 \text{ s} = 240 \frac{\text{m}}{\text{s}} \cdot \text{s} = 240 \text{ m}$
$$\longrightarrow \text{ m} = \text{m} \longleftarrow$$

Also stellen die Seiten der Gleichung $s = v \cdot t$ etwas Gleichartiges dar, nämlich Strecken.

Zeit $t = \frac{s}{v} = \frac{240 \text{ m}}{30 \text{ m/s}} = 8 \frac{\text{m}}{\frac{\text{m}}{\text{s}}} = 8 \text{ m} \cdot \frac{\text{s}}{\text{m}} = 8 \text{ s}$

Geschwind. $v = \frac{s}{t} = \frac{240 \text{ m}}{8 \text{ s}} = 30 \frac{\text{m}}{\text{s}} = 30 \text{ m/s}$

Es ist **falsch,** wenn auch nicht ganz ungebräuchlich, zu sagen, die Geschwindigkeit beträgt 30 Metersekunden oder gar 30 Sekundenmeter. Die Maßeinheit der Geschwindigkeit ist entstanden aus Weg **geteilt** durch Zeit. »Metersekunde« entspricht aber Weg **mal** Zeit. Ein solches Gebilde ist sinnlos.

Die Maßeinheit der Geschwindigkeit ist ein Bruch. Dies übersieht man weniger leicht, wenn man statt des schrägen Bruchstriches den waagrechten bevorzugt, was aber im Buchdruck zu platzraubend ist.

2. Kreisförmige Bewegung.

a) Umfangsgeschwindigkeit.

Bild 3. Die Geschwindigkeit des Punktes I wollen wir zunächst versuchsweise ermitteln. Hierzu drücken wir gegen das Rad ein Stück Kreide, und zwar 1 s lang. Es entsteht ein 6 m langer Strich. Also beträgt die **Umfangsgeschwindigkeit** 6 m in **1** s oder 6 m/s. Ebenso groß ist später die Riemengeschwindigkeit.

Das Rad macht 72 Umläufe in 1 min oder kurz 72 U/min. Diese **Umlaufzahl** bezeichnet man mit n. Verfolge den Punkt I. Er legt zurück

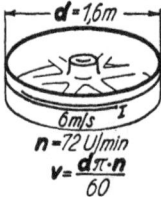

Bild 3

nach 1 Umlauf den Weg $d \cdot \pi$,
» n Umläufen » » $d\pi \cdot n$.

Dieser Weg $d\pi \cdot n$ wird in 1 min oder 60 s durchlaufen, also Umfangsgeschwindigkeit (Weg in **1** s)

$$v = \frac{d\pi \cdot n}{60} \quad \ldots \ldots (2)$$

Für Bild 3 erhalten wir $v = \frac{1,6\pi \cdot 72}{60} = 6$ m/s.

b) Abhängigkeit.

Da $\frac{\pi}{60}$ einen festen Wert hat, hängt die Umfangsgeschwindigkeit nur von d und n ab, und zwar von dem **Produkt** $d \cdot n$. Wieviel d und n einzeln betragen, ist erst in zweiter Linie wichtig. Je größer $d \cdot n$, desto größer v.

Deshalb sind in der Formel in Bild 3 die veränderlichen, Ausschlag gebenden Größen d und n fett gedruckt.

Während sich ein Sandschleifstein von 2 m bis 1 m Durchm. abnutzt, muß man seine Umlaufzahl verdoppeln, damit die Schleifgeschwindigkeit, also $d \cdot n$, erhalten bleibt. Dann **wächst n, wie d abnimmt.**

c) Anwendung.

Beisp. 5. Die Flügel einer Windmühle haben einen Halbmesser von 7,3 m. Wir zählen 4 Umläufe in 25 s. Berechne die Geschwindigkeit der Flügelspitze.

$$n = \frac{4}{25} \cdot 60 = 9,6 \text{ U/min}; \quad v = \frac{d\,\pi \cdot n}{60} = \frac{2 \cdot 7,3 \cdot \pi \cdot 9,6}{60}$$

$$= 7,35 \text{ m/s}.$$

In 1 s legt also die Flügelspitze einen Weg zurück, der zufällig annähernd gleich dem Halbmesser ist.

Beisp. 6. Die Luftschraube zieht das Flugzeug vorwärts. Dieser Zug soll möglichst stark sein. Darum muß sich die Flügelspitze der Schraube sehr schnell bewegen, aber so, daß ihre Geschwindigkeit doch noch genügend weit unter der Schallgeschwindigkeit bleibt.

Die Schraube macht 1680 U/min. Ihre Flügelspitze soll eine Geschwindigkeit von höchstens 280 m/s erlangen. Wie groß darf der Durchmesser der Schraube sein?

Aus $\dfrac{d\,\pi \cdot n}{60} = v$ folgt $d\,\pi \cdot n = 60\,v$ und hieraus

$$d = \frac{60\,v}{\pi \cdot n} = \frac{60 \cdot 280}{\pi \cdot 1680} = 3,18 \text{ m}.$$

Beisp. 7. Eine Schleifscheibe hat einen Durchmesser von 0,4 m. Die Umfangsgeschwindigkeit

darf höchstens 25 m/s betragen, damit die Scheibe nicht auseinanderfliegt.
Wieviel U/min sind zulässig?

Aus $\dfrac{d\pi n}{60} = v$ folgt

$$n = \frac{60\,v}{d\,\pi} = \frac{60\cdot 25}{0,4\,\pi} = 1190\ \text{U/min.}$$

Je größer die Geschwindigkeit, desto besser der Schliff. Am Umfang der besten Schleifscheiben sind noch 35 m/s erlaubt.

Beisp. 8. Berechne die Umfangsgeschwindigkeit eines Schleifrades, das einen Durchmesser von nur 8 mm = 0,008 m hat und 36000 U/min macht.

$$v = \frac{d\,\pi\cdot n}{60} = \frac{0,008\,\pi\cdot 36000}{60} = 15,1\ \text{m/s.}$$

Um das Schleifrad denke man sich einen haardünnen, 15,1 m langen Faden gewickelt. Es entstehen 600 Windungen, denn soviel Umläufe macht das Rad in 1 s.

Die Schleifspindel läuft in Kugellagern. Man darf sie nicht zu reichlich schmieren. Sonst wird das Öl zu heftig durcheinander gewirbelt und dadurch zu heiß.

d) Keilförmiges Anwachsen.

Bild 4. Der Halbmesser R des Sägeblattes gelangt in 1 s nach R'. Der Bogen I—I' mißt 0,3 m. Also beträgt die dortige Umfangsgeschwindigkeit 0,3 m/s.

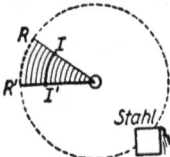

Bild 4

Wandert Punkt I nach außen oder innen, so nimmt seine **Geschwindigkeit** zu oder ab wie die Länge der eingezeichneten **Kreisbögen**. Kurz gesagt, die Geschwindigkeit ändert sich **keilförmig**.

e) Verschleiß.

Bild 5 zeigt die Lagerung einer lotrechten Welle. Ein Teil der Lagerschale ist herausgebrochen. Die Welle läuft auf einer feststehenden Platte.

Sind die waagrechten Gleitflächen noch neu, so werden sie überall gleich stark gepreßt. Das deutet in Bild 6 die gleichmäßige Schattierung an.

Die Gleitflächen verschleißen, und zwar am meisten, wo die größte Geschwindigkeit herrscht, also **außen.** Dort nimmt die Pressung allmählich ab. Dafür wächst sie in der **Mitte.** Die ursprünglich ebenen Gleitflächen wölben sich ein wenig. Der Ölfilm wird außen dicker, innen dünner.

Bild:
5
6
7

Dieser Wandel dauert so lange, bis sich die Gleitflächen außen und innen gleich stark abnutzen und folglich auch erwärmen. Dann ist ihre Pressung so ungleichmäßig wie etwa in Bild 7 die Schattierung. Im neuen Zustand laufen sich die Gleitflächen außen zuweilen so heiß, daß das Öl verbrennt.

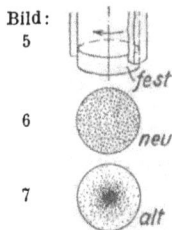

3. Übersetzung.

a) Einleitung.

I. Bild 8. Drehen wir ein Rad, so erteilt der straff gespannte Riemen dem anderen Rade die gleiche Umfangsgeschwindigkeit. Also werden die dick gezeichneten, gleich langen Bögen in der gleichen Zeit durchlaufen. Aber die zugehörigen Mittelpunktwinkel sind verschieden.

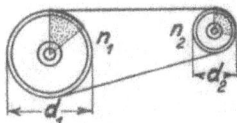

Umfangsgeschwindigkeit des

Bild 8

großen Rades = der des kleinen Rades

$$\frac{d_1 \cdot \pi \cdot n_1}{60} = \frac{d_2 \cdot \pi \cdot n_2}{60}$$

2*

Beide Seiten enthalten $\frac{\pi}{60}$. Also können wir hierdurch die Gleichung kürzen. Dann bleibt übrig

$$d_1 \cdot n_1 = d_2 \cdot n_2 \quad \ldots \ldots \ldots \text{(3)}$$

großer Durchm.

mal **kleiner** Umlaufzahl = **kleinem** Durchm.

mal **großer** Umlaufzahl.

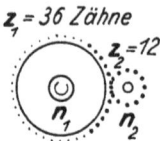

$z_1 = 36\ Zähne$

$z_2 = 12$

n_1

n_2

Bild 9

II. Bild 9. Die Zähnezahl des kleinen Rades ist in der des großen 3 mal enthalten. Drehen wir das große Rad 1 mal, so wälzt sich darauf das kleine 3 mal ab. Also gilt

$$36 \cdot 1 = 12 \cdot 3 \text{ oder allgemein}$$

$$z_1 \cdot n_1 = z_2 \cdot n_2 \quad \ldots \ldots \ldots \text{(3a)}$$

große Zähnezahl

mal **kleiner** Umlaufzahl = **kleiner** Zähnezahl

mal **großer** Umlaufz.

b) Anwendung.

Beisp. 9. Der Riemen in Bild 10 treibt ein Eisenbahnrad. Die Radachse ruht auf Drehbankspitzen. Die dick gezeichneten Lagerzapfen wollen

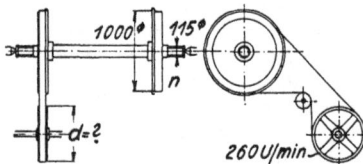

1000° 115°

n

$d = ?$

$260\ U/min$

Bild 10

wir mit einer Umfangsgeschwindigkeit von 66 m je min prägen und dadurch glätten, denn verdichtete Gleitflächen laufen nicht so leicht heiß wie nur geschliffene. Die Spannrolle ist für die Übersetzung nebensächlich. Berechne den Durchmesser d der auswechselbaren Riemenscheibe.

115 mm = 0,115 m. 66 m/min = 1,1 m/s.

Wir ermitteln zunächst, wieviel U/min die Radachse machen muß. Aus

$$\frac{d \cdot \pi \cdot n}{60} = v \text{ folgt } n = \frac{60\,v}{d\,\pi} = \frac{60 \cdot 1,1}{0,115 \cdot \pi} = 182 \text{ U/min.}$$

Gemäß Gl. (3) gilt $d \cdot 260 = 1000 \cdot 182$;

hieraus folgt $d = 1000 \cdot \dfrac{\overset{\text{Verhältnis der Umlaufzahlen}}{182 \text{ U/min}}}{260 \text{ U/min}} = 700$ mm.

Die Maßeinheit U/min im Zähler und Nenner kürzte sich weg. Das Übersetzungs**verhältnis** folgt aus

182 U/min : 260 U/min = 1 : **1,45**

oder auch aus

700 mm : 1000 mm = 1 : **1,45.**

Im zweiten Fall kürzte sich die Maßeinheit mm weg. Auch jedes andere Verhältnis zweier gleichnamiger Größen ist unbenannt (ohne Maßeinheit).

1 Umlauf des Lagerzapfens erfordert **1,45** Umläufe der Riemenscheibe. Der Durchmesser des Eisenbahnrades beträgt das **1,45** fache des Durchmessers der Riemenscheibe.

Beisp. 10. Wie schnell fährt der Wagen, wenn die Räder ebensoviel U/min machen wie während des Glättens?

Fahrgeschwindigkeit = Riemengeschwindigkeit

$$v = \frac{d \cdot \pi \cdot n}{60} = \frac{1 \cdot \pi \cdot 182}{60} = 9,56 \text{ m/s.}$$

Meistens gibt man die Geschwindigkeit von Fahrzeugen in km je Std. oder km/h an. Es sind

$$9,56 \text{ m/s} = \frac{9,56 \cdot 3600}{1000} = 34,4 \text{ km/h.}$$

Beisp. 11. Die Tretkurbel in Bild 11 macht 60 U/min. Berechne die Umlaufzahl der Lichtmaschine.

Die Umlaufzahl des Hinterrades und damit auch des kleinen Kettenrades nennen wir n_H. Dann gilt gemäß Gl. (3 a)

20 · n_H = 40 · 60. Hieraus folgt

$$n_H = \frac{40}{20} \cdot 60 = 120 \text{ U/min.}$$

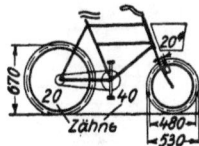

Bild 11

Da die Kettenräder glatte Zähnezahlen haben, hätten wir ihre Übersetzung unmittelbar angeben und davon ausgehen können. Sie beträgt 20 : 40 oder 1 : 2. Also macht das Hinterrad $2 \cdot 60 = 120$ U/min. Beide Reifen sind durch die Fahrbahn zwangläufig miteinander verbunden (wie durch einen Riemen). Der hintere Reifen ist abgeplattet. Daher ist dessen äußerer Durchmesser nicht maßgebend.

Bedeutet n_v die Umlaufzahl des Vorderrades, so gilt gemäß Gl. (3) $530 \cdot n_v = 670 \cdot 120$. Hieraus

$$n_v = \frac{670 \cdot 120}{530} = 151,6 \text{ U/min.}$$

Die Umlaufzahl n_l der Lichtmaschine folgt aus

$$20 \cdot n_l = 480 \cdot 151,6 \text{ zu } n_l = \frac{480 \cdot 151,6}{20} = 3640 \text{ U/min.}$$

II. Arbeit.

1. Arbeit einer gleichbleibenden Kraft.

a) Ein Produkt als Maß.

I. Bild 12. Je schwerer der Wagen ist, und je höher ihn die Winde heben soll, desto mehr Arbeit muß sie verrichten. Die Kraft zum Heben beträgt 930 kg. Um den Wagen von *I* nach *II* zu befördern, muß diese Kraft ↑ einen Weg ↑ von 4 m zurücklegen.

$$930 \text{ kg} \cdot 4 \text{ m} = 3720 \text{ kg} \cdot \text{m.}$$

Statt kg · m schreibt man einfach **kgm** und liest »Kilogrammeter«. Die Winde verrichtete eine

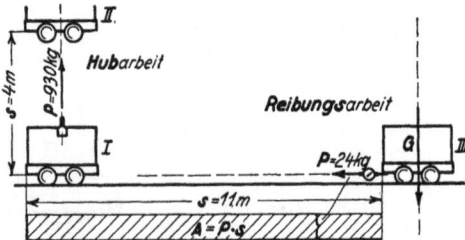

Bild: 12 ·   13   14

Hubarbeit von 3720 kgm. Ebensoviel Arbeit ist nötig, um 400 kg um 9,3 m zu heben, denn auch 400 kg · 9,3 m = 3720 kgm.

II. Unter **Arbeit** versteht man das **Produkt** aus der **Kraft** P und ihrem **Weg** s. Man kürzt Arbeit mit A ab. Also

$$A = P \cdot s \quad \ldots \ldots \quad (4)$$

Beisp. 12. Wieviel Arbeit ist nötig, um den Wagen von *III* (Bild 14) nach *I* zu ziehen? Wir messen die waagrechte Zugkraft ← P mittels einer Federwaage.

$$A = P \cdot s = 24 \cdot 11 = 264 \text{ kgm.}$$
← ←

Den Wagen von *III* nach *II* zu befördern, erfordert 3720 + 264 = 3984 kgm.

Die Hubarbeit ist in dem hoch schwebenden Wagen aufgespeichert. Während wir ihn nämlich langsam sinken ↓ lassen, könnte er eine andere Last heben ↑.

Dagegen wird die Reibungsarbeit dazu verbraucht, die Gummireifen zu kneten, die Achslager abzunutzen. Reibungsarbeit verwandelt sich in Wärme und entweicht in die Umgebung. Diese zerstreute Arbeit läßt sich nicht wieder sammeln. Die Reibungsarbeit geht in eine Form über, in der sie nicht mehr greifbar ist.

Bild 13. Die Grundlinie des Rechtecks ist gleich dem Weg ← s, die Höhe entspricht der Kraft ← P.

Es soll 1 mm der Höhe 7 kg bedeuten. Also mußten wir 24 kg lang zeichnen 24 : 7 = 3,43 mm.

Der Inhalt dieses Rechteckes ist gleich Grundlinie s mal Höhe P. Es stellt also die Reibungsarbeit $P \cdot s$ dar.

b) Fortschreitende und stillstehende Kraft.

I. Die Kraft an der Federwaage verrichtet keine **Hubarbeit**, sondern nur **Reibungs**arbeit. Um diese zu ermitteln, darf man in die Rechnung nicht einsetzen, wieviel der Wagen wiegt, sondern nur, wie schwer er sich ziehen läßt. Bild 14.

Auf den Wagen wirken die 930 kg starke Schwerkraft ↓ G (= Gewicht) und die Zugkraft ← P.
Die Wirkungslinien dieser Kräfte ←↓ sind
gestrichelt gezeichnet.

Nur die Kraft **arbeitet,** die einen Widerstand
überwindet, die also in ihrer Wirkungslinie **fortschreitet,** die also den Wagen **bewegt** ← wie die
Kraft ← an der Federwaage.

Die Schwerkraft ↓ s t e h t innerhalb ihrer nach ←
w a n d e r n d e n Wirkungslinie s t i l l und ist darum
keine fortschreitende Kraft. Sie verrichtet also
keine Arbeit.

II. Gelangt der Wagen auf eine glattere Fahrbahn,
so geht der Zeiger der Federwaage zurück. Diese berücksichtigt das Gewicht des Wagens und gleichzeitig
die Güte der Fahrbahn.

Wäre keinerlei Reibung vorhanden, so brauchte
man keine Kraft und somit auch keine Arbeit auf-
zuwenden, um eine Last w a a g r e c h t zu bewegen
(mit gleichbleibender Geschwindigkeit).

Dann wäre nur anfangs eine Kraft und somit
auch Arbeit nötig, um die noch ruhende Last in
Schwung zu versetzen.

III. Ein dünnes Seil hält nur eine kleine Kraft
aus. Dennoch kann es viel Arbeit übertragen,
wenn wir viele m aufwenden.

Arbeit hängt von dem **Produkt** $P \cdot s$ ab. Wie-
viel P und s e i n z e l n betragen, ist erst in zweiter
Linie wichtig. Je größer $P \cdot s$, desto größer die
Arbeit.

Solange eine schwere Last, die an einem Seil
schwebt, nicht gehoben wird, ist wohl die Kraft P
im Seil sehr groß, aber ihr Weg s = Null und
folglich auch die Arbeit $A = P \cdot 0 = 0$.

Eine stillstehende Kraft (wie der Druck unserer
Füße auf den Erdboden) kann erst dann arbeiten,
wenn sie fortschreitet (wie der Druck auf die Tretkurbel eines Fahrrades). Am einfachsten lassen
sich stillstehenden Kräfte erzeugen. Sie sind aber

längst nicht so wertvoll wie fortschreitende. Bezahlt wird nicht die Kraft, sondern die Arbeit.

Beisp. 13. Den Wagen in Bild 14 zieht ein Elektroschlepper, dessen Arbeitsvorrat bald verbraucht ist. Er beträgt nur noch 84000 kgm. Berechne den Weg, auf dem der Schlepper noch eine Zugkraft von 60 kg ausüben kann.

Aus $P \cdot s = A$ folgt

$$s = \frac{A}{P} = \frac{84000 \text{ kgm}}{60 \text{ kg}} = 1400 \frac{\text{kgm}}{\text{kg}} = 1400 \text{ m}.$$

Die Maßeinheiten kg kürzen sich weg. Übrig bleibt im Ergebnis ganz richtig die Einheit einer Strecke (m).

Beisp. 14. Eine Motorwinde zieht mittels eines langen Seiles einen mehrscharigen Pflug. Er verbraucht für einen 500 m langen Gang eine Arbeit von 180000 kgm (in Form von Brennstoff). Berechne die Zugkraft im Seil.

Aus $A = P \cdot s$ folgt

$$P = \frac{A}{s} = \frac{180000 \text{ kgm}}{500 \text{ m}} = 360 \frac{\text{kg m}}{\text{m}} = 360 \text{ kg}.$$

Jetzt heben sich die Einheiten m auf, und übrig bleibt richtig kg.

c) Höhenunterschied.

I. Bild 15. Ein 2600 kg schweres Flugzeug stieg hoch und erreichte schließlich eine Höhe von 645 m.

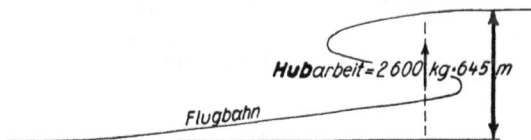

Bild 15

Die Flugbahn ist viel länger. Die Hubkraft ↑ (2600 kg) schreitet aufwärts fort in ihrer **lotrechten,** Wirkungslinie (gestrichelt gezeichnet). Gleichzeitig wandert die Wirkungslinie hin → und her ←.

Der Weg, von dem die Hubarbeit abhängt, ist aber einfach gleich dem lotrecht gemessenen Höhen**unterschied.** Also

Hubarbeit = 2600 kg ↑ · 645 m ↑ = 1 677 000 kgm.

II. Nun denken wir uns ein Rohr, das ebenso lang und gekrümmt ist wie die Flugbahn und auf einem Berge ruht.

Durch diese Leitung wollen wir 2600 kg Wasser in einen 645 m hohen Behälter pumpen. Für die Hubarbeit ist außer dem Wasser**gewicht** nur die lotrechte Förderhöhe maßgebend. Der Pumpenmotor muß also ebensoviel Hubarbeit verrichten wie der Flugmotor.

III. Läuft alles Wasser wieder herab, so gibt es wegen der unvermeidlichen Reibung nicht die ganze Hubarbeit zurück, wohl aber den weitaus größten Teil, indem es vielleicht eine Mühle treibt.

Ob das Rohr lotrecht oder schräg, kurz oder lang, gerade oder gekrümmt ist, ändert nicht die Hubarbeit, sondern nur die außerdem vom Pumpenmotor zu verrichtende Reibungsarbeit. Diese wird nicht mit aufgespeichert. Sie geht für immer verloren.

2. Arbeit einer schwankenden Kraft.

a) Unregelmäßiges Schwanken.

I. Bild 16. Wieviel Arbeit ist nötig, um die Federwaage mittels der Winde von *I* nach *II* zu ziehen?

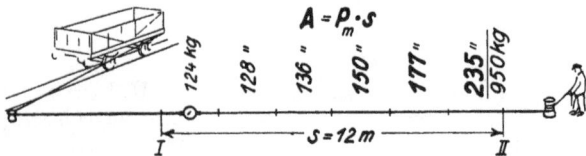

Bild 16

Anfangs genügt eine kleine Kraft. Bald muß sie wachsen, zunächst wenig, schließlich bedeutend, weil das am Wagen befestigte Ende des Seiles einen immer ungünstigeren Winkel mit den Schienen bildet, je weiter der Wagen nach vorne gelangt. Da sich die Zugkraft dauernd ändert, rechnen wir mit ihrem durchschnittlichen Wert. Diesen erhalten wir so:

Wir zerlegen den Weg *I II* in möglichst viele, gleich lange Teile. Sobald die Federwaage die Mitte jeder Teilstrecke durchläuft, lesen wir die in diesem Augenblick herrschende Zugkraft ab.

II. Die Summe dieser 6 Werte durch 6 geteilt, ergibt die **mittlere** oder durchschnittliche Zugkraft P_m. Sie beträgt 950 kg : 6 = 158 kg. Also

$$A = P_m \cdot s = 158 \cdot 12 = 1900 \text{ kgm.}$$

Ebensoviel Arbeit müßte die Winde verrichten, wenn die Federwaage auf ihrem Wege von *I* nach *II* von Anfang an ununterbrochen 158 kg anzeigen würde.

Beisp. 15. Eine Lokomotive mußte ausgebessert werden, nachdem sie seit ihrer Indienststellung 87300 km zurückgelegt hatte (Erdumfang = 40000 km). Ihre Zugkraft schwankte sehr. Durchschnittlich betrug sie 6900 kg. Berechne die verrichtete Arbeit.

$$A = P_m \cdot s = 6900 \cdot 87300 = 602400 \text{ tkm.}$$ Dies Ergebnis ist ein Maß für die Güte der Lokomotive.

b) Keilförmiges Schwanken.

I. Bild 17. Drücken wir die Feder zusammen, so ist die Kraft anfangs gleich Null.

Die **Endkraft** *P* beträgt 14000 kg. Diese wurde in Bild 18 am Ende des mit *s* bezeichneten Hubes als Lot aufgetragen im Maßstab 4000 kg = 1 mm, also 3,5 mm lang.

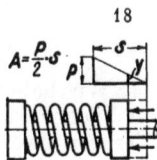

Bild 17

Die Kraft **wächst gleichmäßig,** nämlich wie der Federhub ← oder wie die Dicke y ↑ des Keiles.

In der gezeichneten Stellung der Feder ist $y = 1,2$ mm und folglich die zugehörige Kraft $1,2 \cdot 4000 = 4800$ kg.

II. Wieviel kgm speicherte die Feder auf, wenn schließlich der Hub $s = 120$ mm wurde?

Da die Kraft **keilförmig wächst,** können wir ihren mittleren Wert sogleich angeben. Er ist einfach gleich der halben Höhe des Keiles. Also

$$\text{\textbf{Mittlere} Kraft } P_m = \frac{\text{Endkraft}}{2}$$

$$= \frac{14000}{2} = 7000 \text{ kg; } s = 120 \text{ mm} = 0,12 \text{ m. Also}$$

$$A = P_m \cdot s = 7000 \cdot 0,12 = 840 \text{ kgm.}$$

Der Inhalt des Dreiecks in Bild 18 beträgt

$$\frac{\text{Höhe}}{2} \cdot \text{Grundlinie} = \frac{P}{2} \cdot s.$$

Es stellt also die aufgespeicherte Arbeit dar.

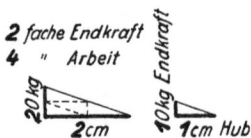

2 fache Endkraft
4 " Arbeit

20kg 2cm

10kg Endkraft
1cm Hub

Bild 19

Bild 19. **Doppelter Hub** erfordert **doppelte Endkraft,** aber $2 \cdot 2 =$ **vierfache Arbeit.** Das kleine Dreieck (rechts) ist in dem großen (links) 4 mal enthalten.

III. Leistung.

1. Pferdeleistung.

a) Arbeit auf Zeit bezogen.

I. Wir haben bisher übersehen, ob die Arbeit schnell oder langsam verrichtet wurde.

Tragen zwei Maurer g l e i c h v i e l Ziegelsteine g l e i c h h o c h, aber v e r s c h i e d e n r a s c h, so verrichteten sie die gleiche Arbeit, obwohl sie sich

verschieden anstrengten. Wir berücksichtigen die Zeit, indem wir sagen, die Leistung der Maurer war verschieden.

II. Bild 20. Wieviel kgm verrichtete die Winde in **1 s**?

Arbeit in 26 s $= 500 \cdot 11{,}7 = 5850$ kgm

$\quad$ » $\quad$ » $\quad$ 1 s $= \dfrac{5850}{26}$ »

$\qquad\qquad\qquad = 225$ kgm.

Dies Ergebnis nennt man die **Leistung** der Winde. Sie beträgt 225 kgm in **1** s oder 225 kgm/s. Im Bilde stellt das große Rechteck die **gesamte Arbeit** dar (5850 kgm), das eng schraffierte, kleine dagegen die Arbeit in 1 s, also die Leistung (225 kgm/s).

Bild 20

Das kleine Rechteck ist also im großen 26 mal enthalten.

Leistung = Arbeit in 1 s = (Kraft × Weg) in 1 s
$\qquad\qquad$ = Kraft × (Weg in 1 s)
$\qquad\qquad$ = Kraft × Geschwindigk.
$\qquad$ **Leistung** $= \boldsymbol{P \cdot v}$.

In der Mechanik sind Arbeit und Leistung **verschiedene** Begriffe. Am deutlichsten erkennt man den Unterschied an den Maßeinheiten. Sie lauten

kgm für **Arbeit** und **kgm/s** für **Leistung.**

Beisp. 16. Eine 220 t schwere Brücke wurde mit 4 Preßpumpen für Handbetrieb in 6,5 min um 160 mm gehoben. Berechne die gesamte Pumpenleistung in kgm/s.

220 t = 220 000 kg; 6,5 min = 390 s; 160 mm = 0,16 m. $A = P \cdot s = 220\,000 \cdot 0{,}16 = 35\,200$ kgm.

Leistung $= \dfrac{A}{t} = \dfrac{35\,200}{390} = 90{,}3$ kgm/s.

b) Anschauliches Maß.

Ein kräftiges Pferd kann etwa 75 kgm/s leisten, also

75 kg um **1 m** in **1 s** heben,
oder 150 » » 2 » » 4 » » ,

denn auch 150 · 2 : 4 = 75 kgm/s. Eine Leistung von **75 kgm/s** bezeichnet man mit **1 Pferdestärke** oder **1 PS.**

Die Last in Bild 20 wurde durch 225 : 75 = 3 PS gehoben. Die in PS ausgedrückte Leistung kürzt man mit N ab. Also

$$N = \frac{P \cdot v}{75} \quad \ldots \ldots \quad (5)$$

Beisp. 17. Eine Güterzuglokomotive übt eine Zugkraft von $P = 11\,250$ kg aus (an einer Wasserdruckmeßdose abgelesen). Ihre Geschwindigkeit beträgt 32 km/h. Wieviel PS leistet die Lokomotive?

Da 1 PS = 75 kgm/s ist, rechnen wir zunächst die Geschwindigkeit in m/s um.

$$1 \text{ h} = 3600 \text{ s}; \quad 32 \text{ km/h} = \frac{32\,000}{3600} = 8,89 \text{ m/s}.$$

$$N = \frac{P \cdot v}{75} = \frac{11\,250 \cdot 8,89}{75} = \textbf{1334 PS.}$$

Formelzeichen der Pferdeleistung (allgemeine Maßzahl)

Maßzahl Maßeinheit der Pferdeleistung.

Beisp. 18. Eine Personenzuglokomotive soll während der Probefahrt mit einer Kraft von 6000 kg ziehen und 2000 PS leisten. Berechne die erforderliche Fahrgeschwindigkeit in km/h.

$$\text{Aus } \frac{P \cdot v}{75} = N \text{ folgt } v = \frac{75\,N}{P} = \frac{75 \cdot 2000}{6000} = 25 \text{ m/s.}$$

$$25 \text{ m/s} = \frac{25 \cdot 3600}{1000} = 90 \text{ km/h.}$$

c) Auswertung.

I. Güterzug-Lokomotiven müssen eine große Zugkraft P entwickeln. Das können sie nur auf Kosten der Fahrgeschwindigkeit v. Damit diese klein bleibt, gibt man den Güterzug-Lokomotiven kleine Treibräder (angetriebene Räder).

Das ist umgekehrt bei den Personenzug-Lokomotiven. Diese brauchen nicht so stark zu ziehen. Sie sollen vor allem schnell fahren. Darum erkennt man Personenzug-Lokomotiven an den großen Treibrädern.

Bild 21. Die kleinen Treibräder der Güterzug-Lokomotive machen ebensoviel U/min wie die großen der Personenzug-Lokomotive. Also fahren

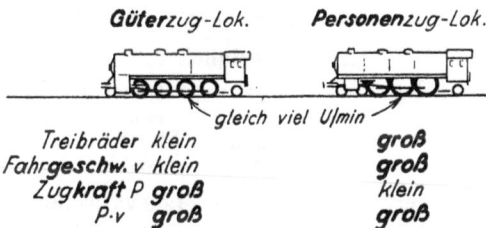

Güterzug-Lok.   Personenzug-Lok.

gleich viel U/min

	Güterzug-Lok.	Personenzug-Lok.
Treibräder	klein	groß
Fahrgeschw. v	klein	groß
Zugkraft P	groß	klein
P·v	groß	groß

Bild 21

beide Maschinen verschieden schnell. Aber die Güterzug-Lokomotive entwickelt die größere Zugkraft und folglich auch eine große Pferdeleistung. Beide Bauarten leisten viel.

Wieviel nämlich P und v einzeln betragen, ist für die Leistung erst in zweiter Linie wichtig. Je größer das **Produkt $P \cdot v$**, desto größer die Leistung.

II. Soll der Zug abfahren, so muß die Lokomotive mit besonders großer Kraft P ziehen. Kommt sie aber doch noch nicht in Gang, so ist ihre Geschwindigkeit $v =$ Null und folglich auch $P \cdot v = P \cdot 0 = 0$.

Dann »leistet« die Maschine noch nichts, obwohl das Triebwerk sehr angespannt ist. Dampf verbraucht die Maschine ebenfalls noch nicht (falls die Räder nicht gleiten).

Bekanntlich wurden vor die luftleer gepumpten »Magdeburger Halbkugeln« mehrere Pferde gespannt.

Sie zogen, so stark sie konnten. Von der Stelle kamen sie aber nicht. Darum verrichteten sie weder Arbeit (weil $s = 0$) noch Leistung (weil $v = 0$).

III. In der Mechanik versteht man unter »Pferdestärke« eine Kraft, die **nicht nur zieht, sondern gleichzeitig fortschreitet**, indem sie einen Widerstand **überwindet.**

Eine stillstehende Kraft ist wohl bestrebt, einen Körper zu bewegen, also PS zu entwickeln, aber es gelingt ihr nicht, solange sie auf zu großen Widerstand stößt. Richtiger als Pferdestärke oder Pferdekraft ist die Bezeichnung Pferdeleistung.

d) Grundeinheiten.

I. In dem Begriff **Leistung** stecken die Größen

Auch verwickeltere Naturvorgänge gründen sich letzten Endes auf die drei einfachen Einheiten **kg, m** und **s** in mannigfaltiger Verknüpfung.

II. In Maschinenbau-Zeichnungen bedeuten die Maße stets **mm**, wenn keine andere Einheit angegeben ist. Große Kräfte mißt man häufig in t. Auch Zeiten gibt man in verschiedenen Maßen an.

Leistung bedeutet aber ... **kgm/s.** Darum verwandle man stets vor Beginn der Rechnung die Kraft in **kg**, die Länge in **m** und die Zeit in **s**. Dadurch vermeidet man Kommafehler. Die Verwandlung erst im Ergebnis vorzunehmen, ist weniger einfach.

e) Anwendung.

Beisp. 19. Ein Kranmotor leistet 12 PS und soll eine Hubgeschwindigkeit von 0,2 m/s erzeugen. Wie schwer darf die Last ↓ sein?

Sie ist gleich der Zugkraft ↑ P des Kranhakens.

Aus $\dfrac{P \cdot v}{75} = N$ folgt $P = \dfrac{75\,N}{v} = \dfrac{75 \cdot 12}{0,2} = 4500$ kg.

Beisp. 20. Der Motor eines Rennwagens leistet 400 PS. Die Geschwindigkeit beträgt 80 m/s. Berechne den Fahrwiderstand.

Dieser ist ebenso groß wie die Kraft $\dot{P}$, die nötig ist, um den Wagen (dessen Motor stehen blieb) wegzuschleppen, und zwar so, daß eine Geschwindigkeit von 80 m/s entsteht und 400 PS verbraucht werden.

Aus $\dfrac{P \cdot v}{75} = N$ folgt $P = \dfrac{75\,N}{v} = \dfrac{75 \cdot 400}{80} = 375$ kg.

Beisp. 21. Ein 2600 kg schweres Flugzeug erlangte eine Höhe von 645 m in 4 min 20 s. Wieviel PS entspricht diese Leistung?

4 min 20 s = 260 s

$$\text{Leistung} = \frac{A}{t} = \frac{2600 \cdot 645}{260} = 6450 \text{ kgm/s}$$

$$N = \frac{6450 \text{ kgm/s}}{75 \text{ kgm/s/PS}} = \frac{6450 \text{ kgm/s}}{75\,\dfrac{\text{kgm/s}}{\text{PS}}}$$

$$= 86 \text{ kgm/s} \cdot \frac{\text{PS}}{\text{kgm/s}} = 86 \text{ PS.}$$

Beachte, wie die Maßeinheit des Ergebnisses (PS) zustande gekommen ist!

Sollte ein Kran dies Flugzeug um 645 m in 4 min 20 s heben, so müßte er 86 PS leisten. Der Flugmotor entwickelt außerdem noch etwa 200 PS, also insgesamt rund 286 PS.

Beisp. 22. Die Wasserhaltungsmaschine eines 900 m tiefen Bergwerkes fördert stündlich 150 m³. Wieviel PS leistet der Motor?

Ebensoviel wie ein Kran, der 150 000 kg in 1 h um 900 m hebt. Dann ist

$$v = \frac{s}{t} = \frac{900}{3600} = 0{,}25 \text{ m/s}$$

$$N = \frac{P \cdot v}{75} = \frac{150\,000 \cdot 0{,}25}{75} = 500 \text{ PS.}$$

Die gleiche Pferdeleistung ist nötig, um aus einer Tiefe von 150 m stündlich 900 m³ Wasser zu fördern.

Beisp. 23. Der Schleppzug in Bild 22 legte eine Probefahrt auf einem Fluß ab, und zwar stromaufwärts. Die 86 km lange Meßstrecke wurde in 14 h 47 min durchfahren.

Den Schlepper lassen wir nicht unmittelbar am ersten Kahn ziehen, sondern zunächst an einem Kraftmesser. Damit wurde eine mittlere Zugkraft von 5610 kg festgestellt. Berechne die Zugleistung im Schleppseil.

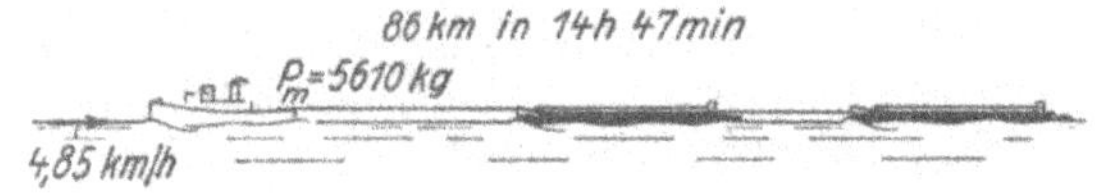

86 km in 14h 47min

$P_m = 5610 kg$

4,85 km/h

Bild 22

$\leftarrow$ Geschw. gegen Ufer $= \dfrac{86\,000}{14 \cdot 3600 + 47 \cdot 60} = 1{,}62 \text{ m/s}$

$\rightarrow$ Stromgeschwindigk. $= \dfrac{4{,}85 \cdot 1000}{3600}$ $\qquad = 1{,}35 \text{ m/s}$

$\overline{\qquad\qquad\qquad 2{,}97 \text{ m/s}}$

Der Schleppzug würde also in r u h e n d e m (»totem«) Wasser 2,97 m/s $\leftarrow$ zurücklegen.

$$N = \frac{P_m \cdot v}{75} = \frac{5610 \cdot 2{,}97}{75} = 222 \text{ PS.}$$

Der Motor muß viel mehr PS entwickeln. Ein großer Teil seiner Leistung geht im Wasserwirbel verloren.

2. Kolbenmaschinen.

a) Kolbenkraft.

I. Bild 26 zeigt den B o d e n des Kolbens. Nur der Druck gegen die punktierte Fläche treibt den Kolben vorwärts. Das übrige Gebiet des Bodens wird auch vom Gas gepreßt. Dieser Druck wirkt aber q u e r zur Hubrichtung und kann deshalb den Kolben nicht bewegen.

Darum ändern sich die treibenden (fortschreitenden) Kräfte nicht, wenn wir den Vorsprung des Kolbenbodens wegschneiden: Bild 27.

II. Die in der Hubrichtung wirkende Kraft $\leftarrow$ hängt also nicht ab von der Oberfläche (Form) des Kolbenbodens, sondern nur von dem **Querschnitt** durch den Hubraum.

Dieser enthält $\dfrac{d^2\pi}{4} = \dfrac{20^2\pi}{4} = 314$ cm². Lasten
im Augenblick der Verbrennung 40 kg auf 1 cm²,
so ist der gesamte Kolbendruck ← $P = 314 \cdot 40$
$= 12560$ kg. Ebensoviel beträgt der Druck gegen
den Deckel des Hubraumes. Diese Kraft → steht
aber still. Sie a r b e i t e t also n i c h t.

Bild: 23   24

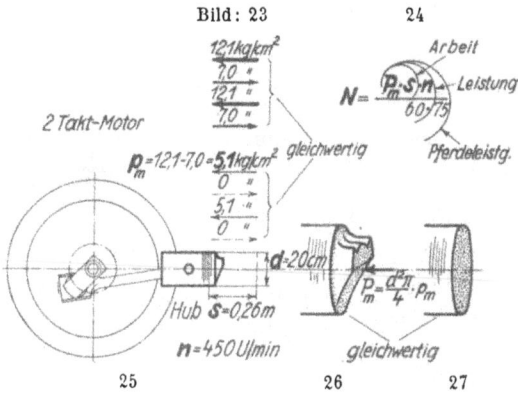

25   26   27

Statt 40 kg auf 1 cm² schreibt man kurz
40 kg/cm² und liest »40 kg je Quadratzentimeter«.
Diesen Gasdruck bezeichnet man mit p. (lies »klein
p«) Also gilt für den **gesamten Kolbendruck** (»groß
P«)

$$P = \frac{d^2\pi}{4} \cdot p \quad\ldots\ldots\ldots (6)$$

b) Mittlerer Gasdruck.

I. Der Hubraum ist mit einem gewöhnlichen Druck-
messer (Manometer) verbunden. Dies Gerät zeigt den
jeweiligen Gasdruck p in kg/cm² an. Die Verbrennungsgase d e h n e n sich aus und verdrängen den Kolben.
Währenddessen geht der Zeiger des Druckmessers
zurück.

Liefe der Motor genügend langsam, so könnten wir
den m i t t l e r e n Gasdruck ähnlich bestimmen wie in
Bild 16 die mittlere Zugkraft.

3*

II. Auf diese Weise würde sich ergeben, daß während des Ausdehnungshubes ein mittlerer Druck von 12,1 kg/cm² herrscht. Dieser ist in Bild 23 dick hervorgehoben.
Läuft der Kolben zurück, so verdichtet er Luft. Das erfordert einen mittleren Druck von 7,0 kg/cm². Er ist im Bilde dünner gezeichnet. Dieser Druck bremst. Er wird vom Schwungrad überwunden. Also treiben nur $12,1 - 7,0 = 5,1$ kg/cm² den Motor.   ←   →   ←
Dieser Überschuß ist gemeint, wenn man von dem mit p_m bezeichneten mittleren Druck eines Motors spricht. Man kann ihn an einem besonders hierfür eingerichteten Meßgerät unmittelbar ablesen.

c) Pferdeleistung.

I. In Bild 23 (untere Hälfte) sind während des Ausdehnungshubes durchschnittlich nur 5,1 kg/cm² wirksam. Läuft der Kolben wieder zurück, so braucht er gar keinen Druck zu überwinden. Der Gasdruck beträgt also abwechselnd ← 5,1 und → 0 kg/cm².
Dies gedachte, einfache Kräftespiel ist dem wirklichen (Bild 23 oben) gleichwertig und erleichtert die Berechnung der Pferdeleistung.

Dann wirkt nämlich der Motor wie etwa ein Fahrrad, das man nur mit einem Fuße antreibt. Ist die Kurbel niedergetreten, so steigt sie ungehemmt wieder hoch. Dies entspricht dem Wechsel des Gasdruckes zwischen 5,1 und 0 kg/cm².

II. Bedeutet P_m die mittlere Kolbenkraft, so entsteht

während 1 Uml. eine **Arbeit** von $P_m \cdot s$
» n »   »   »   » $P_m \cdot s \cdot n$.

Da n Umläufe in 60 s erfolgen, beträgt die **Leistung** (Arbeit in **1** s)

$$\frac{P_m \cdot s \cdot n}{60}.$$

Diese umgewandelt in **Pferdeleistung,** ergibt

$$N = \frac{P_m \cdot s \cdot n}{60 \cdot 75} \quad \ldots \ldots \quad (7)$$

Damit man die Formel besser durchschaut, wurde in Bild 24 der stufenweise Aufbau durch Kreisbögen angedeutet.

In unserem Beispiel ist

$$P_m = \frac{d^2 \pi}{4} \cdot p_m = \frac{20^2 \pi}{4} \cdot 5,1 = 314 \, \text{cm}^2 \cdot 5,1 \, \text{kg/cm}^2$$

$$= 1601 \, \text{cm}^2 \cdot \frac{\text{kg}}{\text{cm}^2} = 1601 \, \text{kg.}$$

$$N = \frac{P_m \cdot s \cdot n}{60 \cdot 75} = \frac{1601 \cdot 0,26 \cdot 450}{60 \cdot 75} = 41,6 \, \text{PS.}$$

Ein Viertakt-Motor mit den gleichen Maßen würde nur 41,6 : 2 = 20,8 PS entwickeln.

Beisp. 24. Bild 46 zeigt das Triebwerk eines **doppelt** wirkenden Zweitakt-Motors. Die Verbrennungsgase drücken den Kolben abwechselnd nach ↓ und ↑. Der mittlere Kolbendruck p_m beträgt 3,5 kg/cm² ↓ und 4,2 kg/cm² ↑. Berechne die Leistung dieses Motors.

Da der Gasdruck in kg/cm² gemessen wird, müssen wir den Kolbendurchm. in **cm** einsetzen!

Ein Kolben leistet

$$\downarrow N = \frac{P_m \cdot s \cdot n}{60 \cdot 75} = \frac{\overset{\displaystyle P_m}{\overbrace{\frac{70^2 \pi}{4} \cdot 3,5}} \cdot 1,2 \cdot 80}{60 \cdot 75} = 288 \, \text{PS.}$$

Zeichne diese Kreisringfläche in natürlicher Größe auf!

$$\uparrow N = \frac{P_m \cdot s \cdot n}{60 \cdot 75} = \frac{\left(\frac{70^2 \pi}{4} - \frac{23,5^2 \pi}{4} \right) \cdot 4,2 \cdot 1,2 \cdot 80}{60 \cdot 75} = 306 \, \text{PS}$$

Gesamtleistung = (288 + 306) 6 = 3564 PS.

3. Drehmoment.

a) Moment und Gegenmoment.

I. Bild 28. Der **Hebelarm** der Kraft P hängt nicht ab von der Länge des Schlüssels, sondern von dem **kürzesten** Abstand, in dem die Wirkungs-

— 38 —

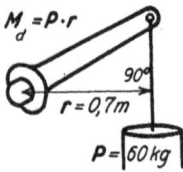

$M_d = P \cdot r$

$r = 0{,}7\,m$

$90°$

$P = 60\,kg$

Bild 28

linie der Kraft an der Drehachse
vorbeiläuft. Dieser Abstand ist
das **Lot von der Drehachse auf
die Kraft** und ist der wahre
Hebelarm r.

Das Drehvermögen ist um
so größer, je stärker die Kraft P
und je länger ihr Hebelarm r
oder je größer $P \cdot r$ ist.

Dies **Produkt** nennt man **Drehmoment**[1]) und
kürzt es mit M_d ab. Es beträgt 60 kg · 0,7 m =
42 kgm.

$$M_d = P \cdot r \quad \dots \dots \quad (8)$$

II. Die Maßeinheiten des Drehmomentes $P \cdot r$
und der Arbeit $P \cdot s$ lauten kgm, sind also äußerlich gleich. Ihrer Bedeutung nach unterscheiden
sie sich aber sehr, weil $P \downarrow$ und $r \rightarrow$ einen **rechten
Winkel** bilden, $P \downarrow$ und $s \downarrow$ jedoch in derselben
Geraden liegen. Ein **Moment** entsteht schon durch
eine **stillstehende** Kraft, **Arbeit** dagegen nur durch
eine **fortschreitende**.

Ob man ein Drehmoment oder eine Arbeit be-
rechnete, lassen die Maßeinheiten nicht mehr erkennen.

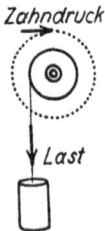

Zahndruck

Last

Bild 29

III. Dreht sich der Schraubenschlüssel (Bild 28), sinkt also die Last, so
wächst ihr Hebelarm r. Hängt sie aber
an einer Winde wie im nächsten
Bild 29, so behält sie stets den gleichen
Hebelarm.

Die Last will die Winde drehen.
Damit sie stehen bleibt, heben wir
das Moment der Last durch ein
Gegenmoment auf. Dies erzeugt der
Druck gegen das Zahnrad. Da Gleich-
gewicht herrscht, ist

---

[1]) *movimentum* (lat.) bedeutet »das Bewegende«.
Moment = Augenblick ist französisch.

Moment der Last = **Gegen**moment des Zahndruckes
(linksdrehend) (rechtsdrehend)

Werden die stillstehenden Kräfte zu fortschreitenden, so dreht sich die Winde. Auch dann
ist ein Überschuß an Drehmoment nicht vorhanden, wenn wir von der Reibung absehen.

Momente treten stets **paarweise** auf. Einzeln
kann ein Moment nicht entstehen.

Um eine Flasche mit Schraubverschluß zu öffnen,
genügt es nicht, nur den Deckel anzufassen. Drehen
können wir ihn erst, wenn wir die Flasche festhalten.
Dann ist das Moment der einen Hand das G e g e n -
moment der anderen.

b) Leistung eines Drehmomentes.

Beisp. 25. Wieviel PS sind nötig zum Antrieb
der Seiltrommel in Bild 30?

Hubgeschwindigkeit = Umfangsgeschwindigkeit

$$v = \frac{d \pi n}{60} = \frac{0,5 \cdot \pi \cdot 12}{60} = 0,314 \text{ m/s}.$$

Also

$$N = \frac{P \cdot v}{75} = \frac{900 \cdot 0,314}{75} = 3,77 \text{ PS}.$$

Die Last will die Trommel links herum drehen mit einem
Moment $M_d = P \cdot \frac{d}{2}$. Ebenso groß, aber entgegengesetzt drehend, ist das treibende Moment.

Die Leistung hängt von $P \cdot v$ ab. In v steckt
der Faktor d. Diesen wollen wir absondern und
mit P vereinen:

$$N = \frac{P \cdot v}{75} = \frac{P}{75} \cdot \frac{d \pi n}{60} = P \overbrace{\frac{d}{2}}^{M_d} \cdot \frac{n \pi}{75 \cdot 30} = \frac{M_d \cdot n \cdot 3,14}{2250}.$$

Schließlich wird

$$N = \frac{M_d \cdot n}{716} \quad \cdots \cdots \quad (9)$$

In Bild 30 ist $M_d = P \cdot \frac{d}{2} = 900 \frac{0,5}{2} = 225 \text{ kgm}$

n = 12 U/min

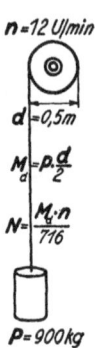

d = 0,5m

$M_d = P \cdot \dfrac{d}{2}$

$N = \dfrac{M_d \cdot n}{716}$

P = 900 kg

Bild 30

und folglich

$$N = \frac{M_d \cdot n}{716} = \frac{225 \cdot 12}{716} = 3{,}77 \text{ PS.}$$

Dies Ergebnis deckt sich mit dem vorher errechneten. — Gl. (9) läßt sich auch so ableiten:

Hubarbeit nach n Umläufen $= P \cdot d\pi \cdot n$.

Also Arbeit in 1 s oder

$$\text{Leistung} = \frac{P \cdot d\pi \cdot n}{60}$$

und

$$\text{Pferdeleistung} = \frac{P \cdot d\pi \cdot n}{60 \cdot 75}.$$

Weitere Umformung wie vorher.

Beisp. 26. Das Drehmoment der Luftschraube eines Flugzeuges mißt man mittels einer Vorrichtung, die in der Nabe der Schraube sitzt.

Diese **Meßnabe** zeigt während des Fluges ein Drehmoment von 216 kgm an. Die Kurbelwelle des Motors macht 2148 U/min. Ihre Umlaufzahl wird durch ein Zahnradvorgelege mit 30 und 45 Zähnen ins Langsame übersetzt.

Die Schraube muß langsamer als der Motor laufen, damit ihre Umfangsgeschwindigkeit genügend weit unter der Schallgeschwindigkeit bleibt. Berechne die Pferdeleistung.

Da $45 : 30 = 1{,}5$, beträgt die Übersetzung zwischen Schraubenwelle und Kurbelwelle $1 : 1{,}5$. Also macht die Schraube $2148 : 1{,}5 = 1432$ U/min. Folglich

$$N = \frac{M_d \cdot n}{716} = \frac{216 \cdot 1432}{716} = 432 \text{ PS.}$$

4. Überblick.

Auf den Sandschleifsteinen in Bild 31 werden vorgeschmiedete Feilen geschliffen. Berühren wir den größten Stein außen mit einem Stück Kreide

1 s lang, so entsteht ein Strich, der 1mal herum-
reicht. Er ist $3\,\pi = 9{,}4$ m lang. Also beträgt die
Schleifgeschwindigkeit 9,4 m/s.

A. Der Stein ver-
schleißt. Beträgt sein
Durchmesser nur noch
die Hälfte oder ein Vier-
tel des ursprünglichen,
so reicht ein 9,4 m lan-
ger Faden 2- oder 4mal
herum (im Bilde ange-
deutet). Die Schleif-
geschwindigkeit v
soll sich nicht ver-
ringern. Also müssen
wir die Umlaufzahl n
verdoppeln oder vervier-
fachen.

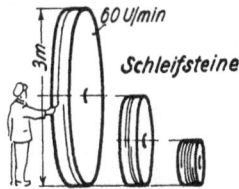

d =	**3**	*1,5*	*0,75 m*
v =	*9,4*	*9,4*	*9,4 m/s*
n =	*60*	**120**	**240** U/min
P =	*40*	*40*	*40 kg*
M_d =	**60**	**30**	*15 kgm*
N =	*5*	*5*	*5 PS*

Bild 31

B. Der Schleifwiderstand P greift am Umfang
an wie die Last an einer Seiltrommel. Sollen Umfangskraft P und Umfangsgeschwindigkeit v
sich nicht ändern, so sind stets gleich viel PS
nötig. Aber das Drehmoment M_d nimmt wie der
Durchmesser ab, und zwar so, daß das Produkt
$M_d \cdot n$ sich nicht ändert. **Das M_d sinkt, wie n wächst.**

Vergleiche die Zahlen unter den Steinen miteinander, Zeile für Zeile von links nach rechts.
Beachte, wie d, n und M_d voneinander abhängen
(durch verschieden großen Druck angedeutet).
Bilde auch die 3 Produkte $M_d \cdot n$. Sie sind gleich.

C. Wieviel M_d und n einzeln betragen, ist
für die Pferdeleistung erst in zweiter Linie wichtig.
Je größer $M_d \cdot n$, desto mehr PS sind wirksam.

Ein Flugmotor läuft sehr rasch. Darum entwickelt er mit kleinem M_d eine große Leistung. Im
Wasser arbeitet eine Schraube am vorteilhaftesten,
wenn sie sich langsam dreht. Deshalb ist das Drehmoment und das Gewicht eines Schiffsmotors viel
größer als das eines Flugmotors gleicher Leistung.

D. Auch in anderen Fällen sahen wir, daß ein **Produkt** maßgebend ist:

I. Zwei verschieden große Räder machen verschieden viel U/min. Um zu erfahren, welches Rad die größere **Umfangsgeschwindigkeit** hat, brauchen wir nur ihre Produkte $d \cdot n$ miteinander zu vergleichen.

II. Zwei verschieden große Kräfte legten verschieden lange Wege zurück. Wo die größere **Arbeit** verrichtet wurde, erkennen wir wieder an Produkten, nämlich an $P \cdot s$.

III. Zwei Winden entwickeln verschiedene Zugkräfte und Seilgeschwindigkeiten. Die Winde entwickelt die größere **Leistung**, für die das Produkt $P \cdot v$ am größten ist.

IV. Zwei verschieden starke Kräfte wirken an verschieden langen Hebelarmen. Um ihre **Drehmomente** miteinander zu vergleichen, bilden wir die Produkte $P \cdot r$.

Alles Messen ist **Vergleichen.**

5. Riementrieb.

a) Ohne Übersetzung.

I. Damit ein Treibriemen nicht rutscht, müssen wir ihn spannen. Steht er noch still wie in Bild 32, so ist die Kraft in beiden Strängen gleich, z. B. gleich je 200 kg.

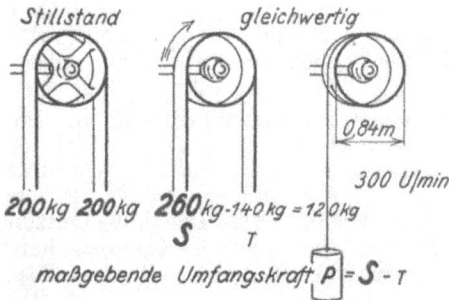

Bild: 32   33   34

Beginnt das Rad den Riemen zu treiben,
rechtsherum, so wächst die Kraft im linken
Strang um ebensoviel, wie sie im rechten abnimmt. Das zeigt Bild 33. Dort ist

$S = 200 + 60 = 260$ kg; also $T = 200 - 60 = 140$ kg.

Der **Unterschied** der Kräfte S und T ist die
maßgebende **Umfangskraft** P (Bild 34). Nur von
dieser Kraft und der Riemengeschwindigkeit hängt
die Pferdeleistung ab.

$$P = S - T = 260 - 140 = 120 \text{ kg.}$$

II. Verwenden wir statt des Riemens eine
Kette, so brauchen wir keine Vorspannung. Dann
beträgt die Kraft im straffen Strang 120 kg. Der
andere bleibt ganz lose (und könnte sogar fehlen).
Also wirkt die Kette wie das Seil in Bild 34. Hängen
daran 120 kg, so benötigt es ebensoviel PS wie
Kette oder Riemen.

$$v = \frac{d\pi \cdot n}{60} = \frac{0,84 \cdot \pi \cdot 300}{60} = 13,2 \text{ m/s}$$

$$N = \frac{P \cdot v}{75} = \frac{120 \cdot 13,2}{75} = 21,1 \text{ PS.}$$

Die Welle überträgt ein $M_d = 120$ kg $\cdot$ 0,42 m $= 50,4$ kgm.

Spannen wir den Riemen straffer, so sind S und
T größer, aber der **Unterschied** dieser Kräfte
ändert sich nicht, gleiche Umlaufzahl und Pferdeleistung vorausgesetzt.

Läuft der Riemen »leer«, so ist $S = T$ und die
Umfangskraft $P = $ Null und damit auch die
Leistung.

Beisp. 27. Berechne
für Bild 35 die Umlauf-
zahl des Sägeblattes, den
Schnittwiderstand P, das
Drehmoment und den Un-
terschied zwischen den
Riemenkräften S und T.

I. Es schneiden mehrere
Zähne gleichzeitig. Den

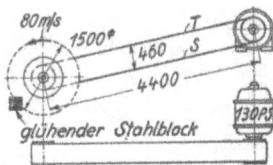

Bild 35

gesamten Schnittwiderstand denken wir uns durch eine einzige Kraft P ersetzt, die am Umfang des Sägeblattes wirkt wie der Seilzug an einer Windentrommel.

Aus $\dfrac{d\,\pi \cdot n}{60} = v$ folgt $n = \dfrac{60\,v}{d\,\pi} = \dfrac{60 \cdot 80}{1{,}5 \cdot \pi} = 1020$ U/min.

Aus $\dfrac{P \cdot v}{75} = N$ folgt $P = \dfrac{75\,N}{v} = \dfrac{75 \cdot 130}{80} = 122$ kg.

II. Dieser Schnittwiderstand wirkt an einem Hebelarm, der gleich dem Halbmesser des Sägeblattes ist. Also erzeugt P ein (rechtsdrehendes)

$$M_d = P \cdot \frac{d}{2} = 122 \cdot \frac{1{,}5}{2} = 91{,}5 \text{ kgm.}$$

Ebenso groß (aber linksdrehend) ist das M_d, das die Welle auf die Säge überträgt[1]).

Dies Drehmoment entsteht dadurch, daß der Motor die Riemenstränge verschieden straff spannt. Er erzeugt ein $M_d = (S - T)\,\dfrac{0{,}46}{2}$. Es muß 91,5 kgm betragen, da beide Riemenscheiben gleiche Durchmesser haben. Folglich $(S - T)\,\dfrac{0{,}46}{2} = 91{,}5$.

Also $\qquad S - T = \dfrac{2 \cdot 91{,}5}{0{,}46} = 398$ kg. —

III. Haben wir kein Meßgerät zur Hand, so könnten wir die Umlaufzahl auch so ermitteln:

Wir ziehen quer über den Riemen einen Kreidestrich und zählen, wie oft er in 1 min umläuft. Wir erhalten 140 U/min.

Riemenlänge $= 2 \cdot 4{,}4 + 0{,}46 \cdot \pi = 10{,}24$ m.

Riemengeschwindigkeit $= \dfrac{10{,}24 \cdot 140}{60} = 23{,}9$ m/s.

Die Umlaufzahl des Motors folgt aus $\dfrac{d\,\pi \cdot n}{60} = v$ zu

$$n = \frac{60\,v}{d\,\pi} = \frac{60 \cdot 23{,}9}{0{,}46 \cdot \pi} = 993 \text{ U/min.}$$

Dies Ergebnis ist kleiner als das zu Anfang errechnete (1020 U/min), da jeder Riemen ein wenig schlüpft.

---

[1]) Näheres S. 52.

b) Mit Übersetzung.

I. Bild 37. Aus $d_2 \cdot n_2 = d_1 \cdot n_1$ folgt

$$n_2 = n_1 \frac{d_1}{d_2} = 1190 \text{ U/min} \cdot \frac{0{,}4 \text{ m}}{1{,}4 \text{ m}} = 340 \text{ U/min.}$$

Da $\frac{1{,}4}{0{,}4} = 3{,}5$, beträgt die Übersetzung 1 : 3,5. Nach
1 Umlauf des Rades 2 hat sich der Motor **3,5** mal
gedreht.

II. Den **Unterschied** zwischen den Kräften in
den Riemensträngen errechnen wir so:

Riemengeschw. $v = \dfrac{d_1 \cdot \pi \cdot n_1}{60} = \dfrac{0{,}4 \cdot \pi \cdot 1190}{60} = 24{,}9$ m/s.

Aus $N = \dfrac{P \cdot v}{75}$ folgt

Umfangskraft $P = \dfrac{75 \cdot N}{v} = \dfrac{75 \cdot 50}{24{,}9} = 150$ kg.

Denken wir uns den losen Strang beseitigt (Bild 36), so
erzeugt der Motor im anderen einen Zug von 150 kg.
Eine Federwaage zeigt ihn an.

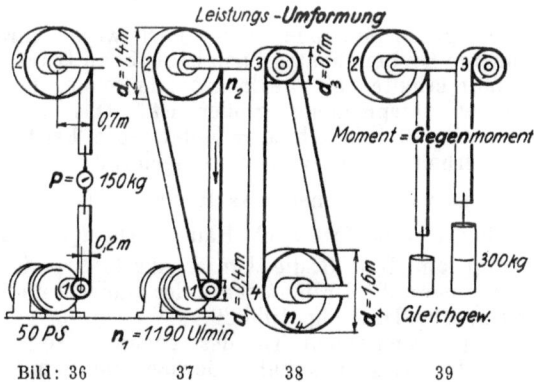

Bild: 36   37   38   39

    Diese zieht nicht nur am Umfang des kleinen
Rades nach ↑, sondern umgekehrt ebenso stark
auch am großen Rad nach ↓. Die eine Kraft ist
die Gegenkraft der anderen.

III. Ihre Hebelarme, also die Halbmesser der Räder, sind aber verschieden, folglich auch die Drehmomente. Gemäß Bild 36 gilt für

Rad 1: $M_d = 150 \cdot 0{,}2 = 30$ kgm,
Rad 2: $M_d = 150 \cdot 0{,}7 = 105$ kgm.

IV. Beide Wellen übertragen gleich viel PS. Also muß sein

(Rad 1)   (Rad 2)
30 kgm · 1190 U/min = 105 kgm · 340 U/min
35 700   =   **35 700.**

Dies verallgemeinert, lautet

$$M_{d1} \cdot n_1 = M_{d2} \cdot n_2 \qquad \dots \quad (10)$$

gleich viel PS

kleines Moment
mal **großer** Umlaufz. = **großem** Moment
mal **kleiner** Umlaufz.

Die rasch laufende Welle darf wegen ihres kleineren Drehmomentes einen kleineren Durchmesser erhalten als die langsam laufende, deren Moment entsprechend größer ist. Das wurde unter Gl. (10) bildlich angedeutet. Die Leistung **bleibt erhalten.** Sie wird nur **umgeformt.**

V. Das Drehmoment des Rades 2 pflanzt sich durch die Welle fort nach Rad 3. Da $d_3 = \frac{1}{2} d_2$, beträgt am Rad 3 die Umfangskraft $2 \cdot 150 = 300$ kg, denn die Drehmomente der Räder 2 und 3 sind gleich. Das zeigt Bild 39.

Ein Drehmoment ist des anderen Gegenmoment. Steigt das linke Gewicht um **2 m,** so sinkt das rechte, **doppelt** so schwere, nur um **1 m.** Ebenso ungleich sind die Geschwindigkeiten der Riemen.

VI. Bild 38. Aus $d_4 \cdot n_4 = d_3 \cdot n_3$ und $n_3 = n_2$ folgt $d_4 \cdot n_4 = d_3 \cdot n_2$ und hieraus

$$n_4 = n_2 \frac{d_2}{d_4} = 340 \, \frac{0,7}{1,6} = 149 \; \text{U/min}.$$

Die Umlaufzahl des Motors ist 8mal so groß. Also beträgt die **Gesamt**übersetzung 1:8. Rad 4 übt das 8fache M_d des Rades 1 aus.

Darum sind die Durchmesser der zugehörigen Wellen verschieden. Der rechte Riemen läuft langsamer als der linke, überträgt deshalb eine größere Umfangskraft und wurde entsprechend breiter gewählt.

Beisp. 28. Bild 40 zeigt den Drehzahlregler für eine Papiermaschine. Berechne die Umlaufzahl und das Drehmoment der unteren Trommel, wenn sich der Riemen in der linken und rechten Grenzstellung befindet und in der Mitte dazwischen.

Der Motor leistet stets gleich viel PS und macht stets gleich viel U/min. Also bleibt auch das M_d der oberen Trommel in jeder Riemenstellung gleich.

Aber die Umfangskraft, also der Unterschied der Kräfte im straffen und weniger straffen Strang, ändert sich wie die Riemengeschwindigkeit, also wie die Riemenstellung.

Rücken wir den Riemen nach rechts, so wächst die Umlaufzahl der unteren Trommel auf Kosten ihres Drehmomentes, und zwar so, daß das Produkt $M_d \cdot n$ der unteren Trommel und damit auch deren Pferdeleistung sich nicht ändert.

Aus $N = \dfrac{M_d \cdot n}{716}$ folgt des Motors

$$M_d = \frac{716 \, N}{n} = \frac{716 \cdot 10}{800} = 8,95 \; \text{kgm}.$$

Linke Riemenstellung:

$$n \cdot 280 = 800 \cdot 190$$

$$n = 800 \, \frac{190}{280} = \underline{543} \; \text{U/min}$$

$$M_d \cdot 543 = 8,95 \cdot 800$$

$$M_d = 8,95 \, \frac{800}{543} = \underline{13,2} \; \text{kgm}.$$

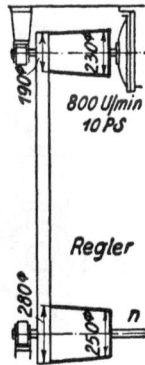

Bild 40

Mittelstellung:

Die zugehörigen Durchmesser betragen

$(190 + 230) : 2 = 210$ mm $\quad (280 + 250) : 2 = 265$ mm

$$n \cdot 265 = 800 \cdot 210 \qquad n = 800 \frac{210}{265} = \underline{\underline{634}} \text{ U/min}$$

$$M_d \cdot 634 = 8,95 \cdot 800 \qquad M_d = 8,95 \frac{800}{634} = \underline{\underline{11,3}} \text{ kgm}$$

Rechte Riemenstellung:

$$n \cdot 250 = 800 \cdot 230 \qquad n = 800 \frac{230}{250} = \underline{\underline{736}} \text{ U/min}$$

$$M_d \cdot 736 = 8,95 \cdot 800 \qquad M_d = 8,95 \frac{800}{736} = \underline{\underline{9,7}} \text{ kgm.}$$

Vergleiche die unterstrichenen Ergebnisse miteinander.

6. Bremsversuch.

a) Gurtbremse.

Die Federwaage in Bild 41 zieht am Gurt und erzeugt ein rechts drehendes

$$M_d = P \cdot \frac{d}{2} = 125 \frac{0,9}{2} = 56,3 \text{ kgm.}$$

Ein ebenso großes links drehendes Gegenmoment übt der Motor aus. Also leistet er

$$N = \frac{M_d \cdot n}{716} = \frac{56,3 \cdot 433}{716} = 34 \text{ PS.}$$

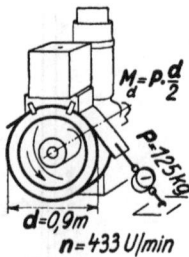

Bild 41

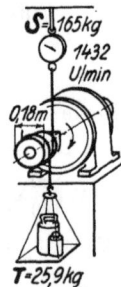

Bild 42

Streng genommen beträgt der Hebelarm der Kraft P nicht $d/2$, sondern $d/2 +$ halbe Gurtdicke. Man braucht nicht zu wissen, wieviel kg den Gurt pressen. Maßgebend ist allein die **Umfangskraft** P. Sie hängt nicht nur vom Belastungsgewicht ab, sondern auch davon, ob die Gleitfläche rauh oder glatt ist. Beides berücksichtigt die Federwaage.

Man muß den Bremsgurt **kühlen**, denn 1 PS erzeugt soviel Wärme wie etwa 2 elektrische Plätteisen.

b) Seilbremse.

I. Ein **Drehmoment** kann man auch wie in Bild 42 **messen.** Um die Bremsscheibe ist ein mit heißem Talg getränktes Hanfseil geschlungen. Auf der Waagschale liegen $20 + 5 = 25$ kg. Sie selbst und das Seil wiegen insgesamt 0,9 kg, also $T = 25{,}9$ kg.

Ebensoviel zeigt die Federwaage an, solange der Motor noch **stillsteht.**

II. Setzen wir ihn in Gang, so schlägt die Federwaage bis 165 kg aus. Diese Kraft ist im Bilde mit S bezeichnet. Am Umfang der Bremsscheibe ziehen 165 kg nach ↑, 25,9 kg nach ↓. Gebremst wird der Motor nur durch den **Unterschied** $S - T$.

Beisp. 29. Berechne die Pferdeleistung dieses Motors.

$S - T = 165 - 25{,}9 = 139{,}1$ kg. Das Seil ist 10 mm dick. Also Hebelarm $= \dfrac{0{,}18}{2} + \dfrac{0{,}01}{2} = 0{,}095$ m.

$$M_d = 139{,}1 \cdot 0{,}095 = 13{,}2 \text{ kgm}$$
$$N = \frac{M_d \cdot n}{716} = \frac{13{,}2 \cdot 1432}{716} = 26{,}4 \text{ PS.}$$

III. Soll der Motor weniger leisten, so vermindern wir T. Dann preßt das Seil das Rad weniger. Der maßgebende **Unterschied** $S - T$ wird kleiner und damit auch das M_d.

c) Backenbremse Bild 44.

I. Bild 43 zeigt, wie man die Bremse über einer Schneide ins Gleichgewicht bringt mit dem schwarz gezeichneten, eisernen Klotz.

Beisp. 30. Wir wollen 12 PS abbremsen. Berechne das Gewicht P, das auf die Waagschale gelegt werden muß.

Die Hinterräder übertragen auf die Trommel ein linksdrehendes Moment. Dies berechnen wir zunächst.

Aus $\dfrac{M_d \cdot n}{716} = N$ folgt $M_d = \dfrac{716\,N}{n} = \dfrac{716 \cdot 12}{87} =$

98,9 kgm. Ebenso groß muß das entgegengesetzte Drehmoment der Kraft P sein.

Aus $P \cdot l = M_d$ folgt $P = \dfrac{M_d}{l} = \dfrac{98,9\ \text{kgm}}{1,8\ \text{m}} = 54,8\ \text{kg}$.

Die Maßeinheiten m kürzen sich weg. Übrig bleibt im Ergebnis ganz richtig die Einheit einer Kraft (kg).

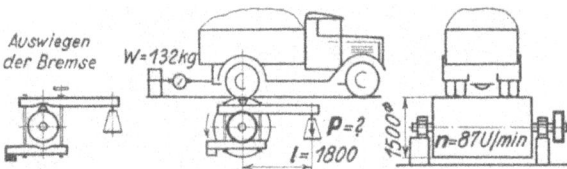

Bild: 43   44

II. Da die Reifen stark geknetet werden, ist die auf die Naben der Hinterräder übertragene Leistung größer als 12 PS. Der Fehlbetrag erwärmt die Reifen.

Der Durchmesser der Bremsscheibe ist nebensächlich. Er trat ja auch in unserer Rechnung nicht auf. Maßgebend ist nur $P \cdot l$.

III. Welche Geschwindigkeit besäße der Wagen, wenn er nicht am Pfahle befestigt wäre?

Sie wäre gleich der Umfangsgeschwindigkeit der Trommel.

$$v = \frac{d\,\pi \cdot n}{60} = \frac{1,5 \cdot \pi \cdot 87}{60} = 6,83\ \text{m/s}.$$

Die Federwaage zeigt den Fahrwiderstand W an. Also muß sein

$$\frac{W \cdot v}{75} = \frac{132 \cdot 6,83}{75} = 12\ \text{PS}$$

(gleich der abgebremsten Leistung).

d) Wasserwirbelbremse Bild 45.

Sie ruht auf 4 Rollen und kann daher **pendeln** wie
ein Waagebalken. Der Motor treibt ein vom Gehäuse
umschlossenes Rad. Dessen Kranz trägt viele Stäbe.
Ebensolche sitzen am Gehäuse.

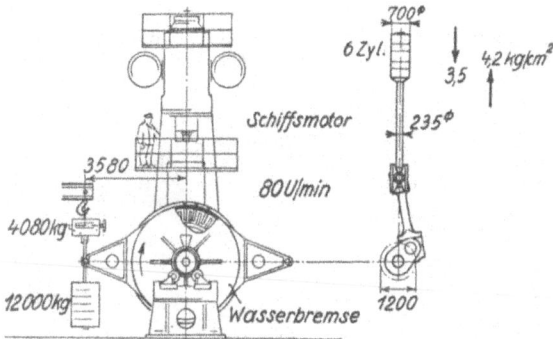

Bild: 45   46

Das Wasser flieht nach außen und bildet einen
Ring. Es möchte ebenso schnell kreisen wie das
Rad. Aber die am Gehäuse befestigten und darum
stillstehenden Stäbe halten das Wasser auf. Ein
heftiger Wirbel entsteht.

Die Bremse könnte das Wasser so stark erwärmen,
daß es schließlich kocht. Damit aus dem Trichter
kein lästiger Dampf entweicht, lassen wir kaltes Wasser
zu- und ebensoviel erwärmtes ablaufen.

Beisp. 31. Berechne die Leistung des Motors.
Steht er noch still, so trägt die Kranwaage 12000 kg.
Diesen Zug ↓ verringert der Wasserwirbel ↑ bis auf
4080 kg. Also $M_d = (12000 - 4080)\, 3{,}58 = 28360$
kgm.

$$N = \frac{M_d \cdot n}{716} = \frac{28360 \cdot 80}{716} = 3170 \text{ PS.}$$

Soll der Motor mehr leisten, so läßt man durch den
Trichter mehr Wasser hinein.

4*

e) Pendelnder Motor.

I. In Bild 47 will jemand ein Loch bohren. Es gelingt aber nicht, da sich der Schemel entgegengesetzt
dreht. Er muß festgehalten oder zum mindesten gebremst werden.

Schraubt man aber zwei Bohrer gleichzeitig ein,
von denen der eine Links-, der andere Rechtsgewinde
hat, so dreht sich der Schemel nicht. Dann ist das Moment der einen Hand das Gegenmoment der anderen.

Bohren nicht möglich

Bild 47

II. Bild 48. Die Säge drückt auf den Balken
wie im nächsten Bild 49 die dort gezeichnete Kraft' ↓.
Ebenso stark drückt der Balken ↑ gegen den Zahn
der Säge.

Diese Kraft Z ↑ will die Säge rückwärts drehen.
Z wirkt am Hebelarm a und erzeugt ein Moment

Moment = **Gegen**moment

↷ $Z \cdot a = Q \cdot r$ ↷

 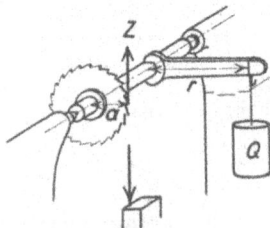

Bild: 48   **49**

$Z \cdot a$. Diesem hält das Gleichgewicht das Moment $Q \cdot r$ am Schraubenschlüssel. Hieraus läßt sich Z berechnen.

Momente treten stets paarweise auf. Einzeln kann sich ein Moment überhaupt nicht bemerkbar machen, kann es nichts ausrichten.

III. Auch der Motor in Bild 50 ruht auf Drehbankspitzen. Das Gehäuse kann also **pendeln.** Die Waagschale hängen wir zunächst ab. Schalten wir nun den elektrischen Strom ein, so bleibt der Riemen stehen. Dafür dreht sich das Gehäuse, und zwar links herum, umgekehrt, wie der Riemen später läuft.

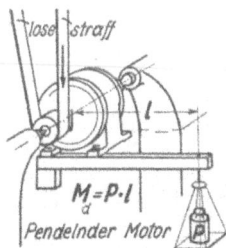

Bild 50

Wir halten das Gehäuse fest durch das Gewicht P am Hebelarm l. Dies Moment ist rechtsdrehend. Der Riemen läuft merkwürdigerweise auch rechts herum. Warum, leuchtet ein, wenn wir uns die Riemenscheibe durch eine Kreissäge ersetzt denken.

In Bild 49 wird die rechts umlaufende Säge getrieben durch das rechts drehende Moment $Q \cdot r$, sinngemäß die Riemenscheibe durch das Moment $P \cdot l$. Dies muß also im gleichen Sinne drehen, wie der Motor läuft.

Auf diese Weise könnte man das **Drehmoment** eines Motors **messen,** während er z. B. eine Pumpe treibt. Er entwickelt ein $M_d = P \cdot l$.

Meistens ist der Motor auf einen Sockel geschraubt.
Messen können wir das M_d dann nicht mehr. Dies
ist nur möglich, wenn das Gehäuse nachgeben kann.
Der Pendelmotor in Bild 51 ruht auf Kugellagern,
da Drehbankspitzen zu rasch heißlaufen und verschleißen.

IV. Bild 61. Vom Flugzeugführer aus gesehen
läuft die Schraube rechts herum. Aber der Winddruck gegen die beiden ↓ Flügel ↑ der Schraube
will die Schraube und damit auch das ganze Flugzeug links herum drehen[1]).
Dies muß ein rechts drehendes Gegenmoment
verhindern. Es entsteht durch die Windkräfte an
den beiden ↑ Querrudern ↓. Das rechte ist hoch-,
das linke heruntergeklappt.
Der links drehende Winddruck gegen die rechts
umlaufende Schraube entspricht in Bild 49 dem
Druck Z ↑. Die dortige Kraft Q ↓ wirkt wie der Winddruck gegen das rechte Querruder.

IV. Wirkungsgrad.

1. Einzelwirkungsgrad.

a) Kolbenmaschinen.

I. Man bezeichnet die auf den Kolben übertragene, also die **innere** oder aufgenommene Leistung mit N_i, die am Wellenstumpf abgebremste,
also die **äußere** oder abgegebene Leistung mit N_e.
Es ist z. B. $N_i = 40$ PS und $N_e = 34$ PS. Der
Fehlbetrag (6 PS) wird verbraucht von der Brenn-
stoff-, Kühlwasser- und Schmierölpumpe sowie
Kolben- und Wellenreibung.

II. Von 40 PS bleiben 34 PS übrig.

» 1 » » $\frac{34}{40} = 0{,}85$ PS übrig.

Die äußere Leistung beträgt also $\frac{85}{100}$ der
inneren. An diesem Bruch erkennt man die mehr

---

[1]) Näheres Teil II, Gleichgewichtslehre.

oder weniger sparsame Wirkungsweise des Motors. Er wird **Wirkungsgrad** genannt und mit dem griechischen η (lies »Eta«) abgekürzt.

Unser bestimmtes Zahlenbeispiel $\dfrac{34}{40} = 0{,}85$ verallgemeinert, ergibt $\dfrac{N_e}{N_i} = \eta$ oder

$$\eta = \frac{\boxed{N_e}}{\boxed{N_i}} = \frac{\text{Wellenleistg.}}{\text{Kolbenleistg.}} = \frac{\text{Äußere Leistg.}}{\text{Innere Leistg.}}.$$

Auch für sehr gute Maschinen ist der Zähler immer noch kleiner als der Nenner. Der Bruch kann also niemals den Wert 1 oder $\dfrac{100}{100} = 100\%$ überschreiten. Stets ist η kleiner. Allgemein gilt

$$\eta = \frac{\text{Abgabe}}{\text{Aufnahme}} \quad \dots \dots (11)$$

Die Maßeinheiten des Zählers und Nenners kürzen sich weg.

Der Wirkungsgrad ist eine **Verhältniszahl** und deshalb unbenannt. Er drückt aus, **wieviel Hundertstel der Aufnahme nutzbringend abgegeben werden.**

III. Die innere Leistung N_i wird auch als indizierte, die äußere Leistung N_e als effektive Leistung bezeichnet. Indiziert (lat.) = angezeigt, effektiv (lat.) = tatsächlich. Diese Fremdwörter sollte man vermeiden, denn eine indizierte Leistung ist auch eine tatsächliche wie die effektive eine angezeigte Leistung.

Entwickelt ein Motor $N_e = 34$ PS und $N_i = 40$ PS, so sagt man statt dessen häufig einfach, der Motor leistet 34 PSe und 40 PSi. Dies ist nicht einwandfrei, denn 1 PSe und 1 PSi sind gleich große Maßeinheiten, nämlich gleich 75 kgm/s. Gleiche Beträge ungleich zu bezeichnen, ist sinnlos. Streng genommen darf man die Fußzeichen e und i nur hinter N setzen.

Beisp. 32. Für den Motor in Bild 45 ermittelten wir bereits $N_i = 3564$, $N_e = 3170$ PS. Berechne seinen Wirkungsgrad.

$$\eta = \frac{N_e}{N_i} = \frac{3170}{3564} = 0,89.$$

Von 100 PS, den Kolben zugeführt, gelangen nur 89 PS in die Schraubenwelle.

b) Zahnradgetriebe.

Bild 51 zeigt ein Zahnradgetriebe auf dem Prüfstand. Die Teilkreise der Räder sind strichpunktiert eingezeichnet.

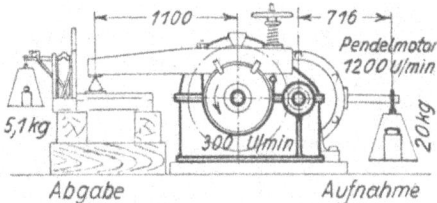

Bild 51

Die Waage ist nur genau, wenn wir sie lotrecht belasten. Deshalb lassen wir den Bremsbalken nicht unmittelbar auf die Tafel der Waage drücken, sondern zunächst auf einen keilförmigen Körper, den Bild 52 größer zeigt. Er könnte aus einer Walze herausgeschnitten sein. Die Schneide deckt sich mit der Mittelachse der Walze.

Schaukelt dieser Körper hin und her, so bewegt sich die Schneide so, daß sie stets genau lotrecht über der Geraden liegt, in der der Körper die Unterlage berührt.

Also ist die Wirkungslinie des Schneidendruckes **stets lotrecht** (Bild 53). Sie wandert ein wenig hin →

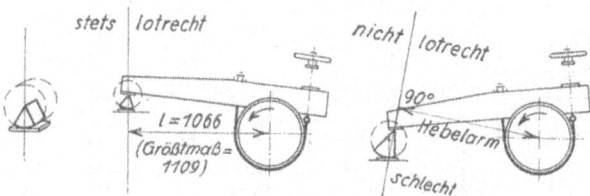

Bild: 52   53   54

und her ←, während sich die stets waagrecht bleibende
Tafel hebt ↑ und senkt ↓.

Im nächsten Bild 54 liegt aber die Schneide nicht
in der Mittelachse der Walze. Also drückt jetzt der
Bremshebel schräg auf die Waage. Er will die Tafel
zur Seite ← drängen.

Beisp. 33. Berechne den Wirkungsgrad des
Getriebes.

$$\text{Aufnahme} = \frac{M_d \cdot n}{716} = \frac{20 \cdot 0{,}716 \cdot 1200}{716} = 24 \, \text{PS.}$$

Der Hebelarm wurde gleich 0,716 m gemacht, damit er sich gegen den Nenner 716 kürzen läßt.

$$\text{Abgabe} = \frac{M_d \cdot n}{716} = \frac{51 \cdot 1{,}1 \cdot 300}{716} = 23{,}5 \, \text{PS}$$

$$\eta = \frac{23{,}5 \, \text{PS}}{24 \, \text{PS}} = 0{,}98 = 98\,\%.$$

Der Wirkungsgrad eines Schneckengetriebes ist
bedeutend geringer, denn die Schnecke gleitet auf
den Zähnen des Rades.

Beisp. 34. Ein Kranmotor leistet 25 PS. Der
Wirkungsgrad des Windwerks beträgt 74%. Mit
welcher Geschwindigkeit kann der Kran eine 30 t
schwere Last heben?

$$25 \, \text{PS} = 25 \cdot 75 = 1875 \, \text{kgm/s.}$$

$$\text{Aus } \eta = \frac{\text{Abgabe}}{\text{Aufnahme}} \text{ folgt}$$

Abgabe = Aufnahme · η. Also

Leistung am Kranhaken = 1875 · η = 1875 · 0,74
= 1390 kgm/s.

$$\text{Aus } P \cdot v = 1390 \text{ folgt } v = \frac{1390}{30\,000} = 0{,}046 \, \text{m/s.}$$

c) Wasserkraftwerk.

I. Bild 58. In den Walchensee fließt ein Nebenarm
der Isar. Das Gefälle zwischen beiden Seen beträgt
195 m.

Bild 56 zeigt einen Querschnitt durch die Rohrleitung. Man kann darin bequem aufrecht stehen.
Die beiden Elektroden berühren sich nicht. Reines

Wasser leitet bekanntlich den elektrischen Strom schlecht. Darum zeigt das Gerät A nur eine geringe Stromstärke an. Die Geschwindigkeit des Wassers im Rohr mißt man so:

In das obere Ende spritzt man eine gesättigte Kochsalzlösung (1 Eimer voll), und zwar mittels Preßluft, damit es plötzlich geschieht. Im gleichen Augenblick drücken wir auf die Stechuhr. Eine Salzwolke fließt herab.

Nach einem Weg von 206 m streift sie die Elektroden. Sogleich schlägt das Gerät A heftig aus, denn salziges Wasser leitet den Strom gut. Gleichzeitig halten wir die Stechuhr an. Wir lesen 96 s ab.

58

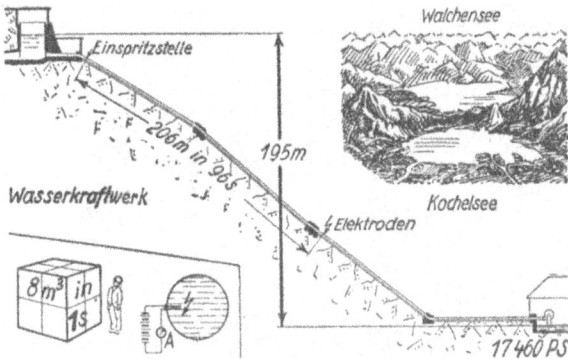

Bild: 55   56   57

II. Also Wassergeschwindigkeit

$$v = \frac{s}{t} = \frac{206}{96} = 2{,}15 \text{ m/s.}$$

Der Querschnitt der Rohrleitung beträgt 3,72 m². Durch diesen strömt in 1 s eine Wassermenge, die gleich dem Inhalt eines 2,15 m langen Rohrabschnittes ist. Also schluckt die Turbine $3{,}72 \cdot 2{,}15 = 8$ m³ in **1 s**. Diese gewaltige Menge veranschaulicht Bild 55.

Während die Salzwolke herabströmte, wurde die am Wellenstumpf der Turbine verfügbare Leistung gemessen. Es ergaben sich 17 460 PS.

Beisp. 35. Berechne den Wirkungsgrad der Anlage.

Sinken 8000 kg Wasser um 195 m, so verrichtet die Schwerkraft eine Arbeit von $8000 \cdot 195 = 1\,560\,000$ kgm. Das wiederholt sich in .jeder Sekunde. Also

$$\text{Leistung} = 1\,560\,000 \text{ kgm/s}$$

$$\text{Pferdeleistung } N = \frac{1\,560\,000}{75} = 20\,800 \text{ PS}$$

$$\eta = \frac{17\,460 \text{ PS}}{20\,800 \text{ PS}} = 0{,}84.$$

Es werden also nur $195 \cdot 0{,}84 = 164$ m des Gefälles ausgenutzt. Die übrigen 31 m (16%) dienen hauptsächlich dazu, die Reibung des Wassers an den mehr oder weniger rauhen Wandungen der Rohrleitung und der Turbine zu überwinden. Der Neigungswinkel der Rohrbahn ist nebensächlich. Es kommt nur auf den lotrechten **Höhenunterschied** an.

2. Gesamtwirkungsgrad.

A. I. Bild 61. In der Nabe der Luftschraube sitzt eine Meßvorrichtung. Diese zeigt die Kraft an, die das Flugzeug vorwärts zieht. Wir lesen ab $P = 330$ kg. Ein anderes Gerät zeigt die Fluggeschwindigkeit $v = 50$ m/s an.

Also ist die Zugleistung der Schraube

$$N = \frac{P \cdot v}{75} = \frac{330 \cdot 50}{75} = 220 \text{ PS}.$$

II. Die Meßnabe zeigt auch das Drehmoment der Schraube an. Wir lesen ab $M_d = 119$ kgm, während die Schraube 1635 U/min macht. Hieraus folgt

$$N = \frac{M_d \cdot n}{716} = \frac{119 \cdot 1635}{716} = 272 \text{ PS}.$$

Soviel PS sind nötig, um die Schraube zu
drehen. Sie empfängt also vom Motor 272 PS
und nutzt davon nur 220 PS zum Ziehen des
Flugzeuges aus. Der Wirkungsgrad der Schraube
folgt aus

$$\eta_1 = \frac{\text{Zugleistung}}{\text{Antriebsleistung}} = \frac{220\,\text{PS}}{272\,\text{PS}} = 0,81.$$

Das veranschaulicht Bild 59.

Die Schraube erschüttert die Luft im weiten Um-
kreis, denn sie erzeugt ein heftiges Geräusch. Hierdurch werden 272 — 220 = 52 PS aufgezehrt.

Bild: 59   Wirkungsgrad   60
der Schraube: des Motors:

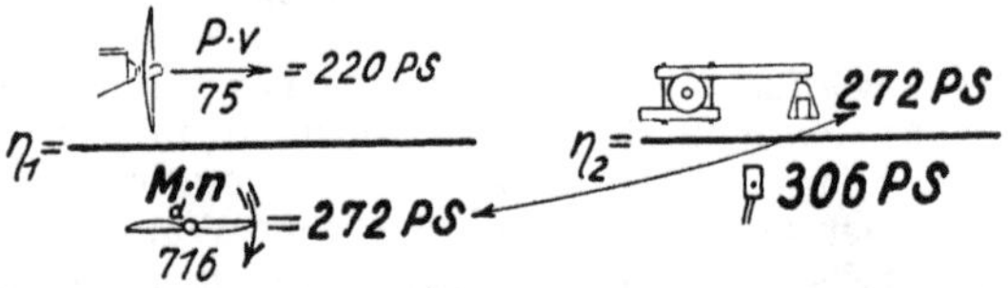

$$\eta = \frac{\dfrac{p \cdot v}{75} = 220\,PS}{\dfrac{M \cdot n}{716} = 272\,PS}$$

$$\eta_2 = \frac{272\,PS}{306\,PS}$$

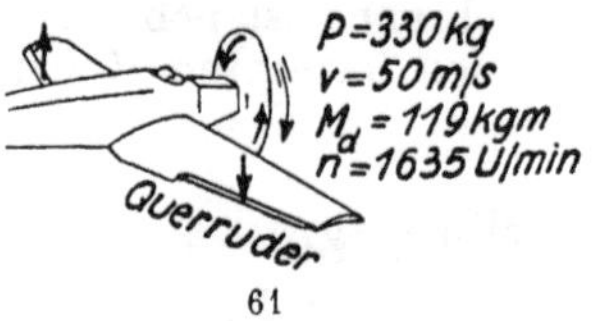

$p = 330\,kg$
$v = 50\,m/s$
$M_d = 119\,kgm$
$n = 1635\,U/min$

Querruder

61

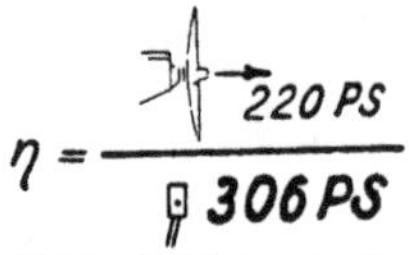

$$\eta = \frac{220\,PS}{306\,PS}$$

Gesamtwirkungsgrad
62

III. Die Wellenleistung des Motors beträgt
272 PS. Dagegen entwickeln die Kolben 306 PS
(wie auf S. 37 berechnet). Also ergibt sich der
Wirkungsgrad des Motors aus

$$\eta_2 = \frac{\text{Wellenleistung}}{\text{Kolbenleistung}} = \frac{272\,\text{PS}}{306\,\text{PS}} = 0,89. \text{ Siehe Bild 60.}$$

Die Schraube arbeitet also mit mehr Verlust
als der Motor.

IV. Von 306 den Motorkolben zugeführten PS
ziehen nur 220 PS das Flugzeug vorwärts. Folglich ist der Gesamtwirkungsgrad zwischen Kolben
und Schraubenzug

$$\eta = \frac{\text{Z u g leistung}}{\text{K o l b e n leistung}} = \frac{220\,\text{PS}}{306\,\text{PS}} = 0{,}72. \quad \text{Siehe Bild 62.}$$

Da $\dfrac{220}{306} = \dfrac{220}{272} \cdot \dfrac{272}{306} = \eta_1 \cdot \eta_2$, gilt

$$\eta = \eta_1 \cdot \eta_2 \quad \cdots \cdots \quad (12)$$

Dies **Produkt** ist in Bild 63 dargestellt als Rechteck mit den Seiten η_1 und η_2. Der Gesamtwirkungsgrad kann höchstens 100% betragen oder gleich **1** sein, entsprechend dem Inhalt des dick gezeichneten Quadrates. —

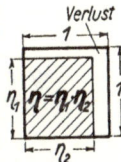

Bild 63

B. Die eine Hälfte eines Treibriemens bildet bald den straffen Strang, bald den losen. Der Riemen wird also abwechselnd **länger und kürzer.** Darum gleitet er ein wenig. Dieser **Schlupf** zehrt einen Teil der zu übertragenden Leistung auf. Riemen und Räder erwärmen sich.

Beisp. 36. Die Riemen in Bild 37 und 38 haben den gleichen Wirkungsgrad. Er beträgt 0,95. Hierin ist auch die Lager- und Lufttreibung berücksichtigt. Wieviel PS gelangen bis zum Rad 4?

$$\eta = \eta_1 \cdot \eta_2 = 0{,}95 \cdot 0{,}95 = 0{,}90.$$

Also beträgt die verfügbare Leistung $\frac{90}{100}$ der Motorleistung. Das sind 50 PS $\frac{90}{100} = 45$ PS.

Die fehlenden 5 PS **nutzen die Gleitflächen ab** zwischen Riemen und Rad, Welle und Lager und wirbeln die Luft durcheinander.

Ein hoher Wirkungsgrad ist nötig, damit man nicht nur Stromkosten spart, sondern auch Riemen und Lager schont.

V. Pferdekraftstunde.

A. Bild 64. Die 75 kg starke Zugkraft legte 3600 m zurück. Sie verrichtete (in unbekannter Zeit) eine **Arbeit** von

$$75 \text{ kg} \cdot 3600 \text{ m} = 75 \underset{\bullet}{\text{ kgm}} \cdot 3600 = 75 \frac{\text{kgm}}{\text{s}} \cdot 3600 \text{ s}$$

$$= \underbrace{1 \text{ PS}}_{} \cdot \underbrace{1 \text{ h}}_{}$$

$$= 1 \text{ PSh} = 1 \text{ Pferdekraftstunde.}$$

Die fett gedruckten Zeiteinheiten heben sich auf. Also spielt auch in 1 PSh die Zeit keine Rolle, obwohl darin das Zeitmaß h sehr auffällt.

$$75kg \cdot 3600m = 75kgm \cdot 3600 = 1PS \cdot 3\,600s = 1PSh$$
Arbeit   Arbeit

Bild 64

B. Da $1 \text{ s} = \frac{1}{3600} \text{ h}$, gilt

$$1 \text{ PS} = 75 \text{ kgm in } 1 \text{ s} = 75 \text{ kgm} \Big/ \frac{1}{3600} \text{ h} = 75 \frac{\text{kgm}}{\frac{1}{3600} \text{ h}} \cdot$$

In 1 PS ist also **unsichtbar** das Zeitmaß h enthalten, und zwar im Nenner. Dies h wird aufgehoben durch das h in PSh, denn

$$1 \text{ PSh} = 1 \text{ PS} \cdot 1 \text{ h} = 75 \frac{\text{kgm}}{\frac{1}{3600} \text{ h}} \cdot \mathbf{h}.$$

Kürzen wir das fett gedruckte h weg, so bleibt übrig

$$1 \text{ PSh} = 75 \frac{\text{kgm}}{\frac{1}{3600}} = 75 \text{ kgm} \cdot \frac{3600}{1}$$

$$1 \text{ PSh} = 270\,000 \text{ kgm} \quad \ldots \quad (13)$$

Auch an der Maßeinheit kgm ersehen wir, daß PSh ein **Arbeits**maß ist.

C. Den Wagen durch 75 kg um 3600 m zu verschieben, erfordert also 1 PS 1 h lang oder 3 PS $\frac{1}{3}$ h lang oder $\frac{1}{2}$ PS 2 h lang, denn 1 PS $\cdot$ 1 h $= 3 \text{ PS} \cdot \frac{1}{3} \text{ h} = \frac{1}{2} \text{ PS} \cdot 2 \text{ h}.$

Lieferte ein Motor 30 PSh, so verrichtete er
$$270\,000 \cdot 30 = 8\,100\,000 \text{ kgm.}$$

Diese Arbeit konnte er erzeugen durch 30 PS während 1 h oder 10 PS während 3 h oder 2 PS während 15 h.

D. In 30 PSh sind PS und h durch ein aus Bequemlichkeit weggelassenes Malzeichen verknüpft. 30 PS/h hat keinen Sinn. 1 PSh ist ein **Arbeits-** maß im großen wie 1 kgm im kleinen.

1 Pferdekraftsekunde = 75 kgm.

Die Stromrechnung lautet auf Kilowattstunden. Auch dies Maß ist ein Arbeitsmaß.

Beisp. 37. Eine Pumpe soll 60 Kubikmeter Wasser fördern. Der Höhenunterschied zwischen den Wasserspiegeln des Brunnens und Speicherbeckens beträgt 45 m. Wieviel PSh sind nötig?

Ein 3 m hohes, 4 m breites und 5 m langes Zimmer ist 60 Kubikmeter groß.

Der Pumpenmotor muß ebensoviel Arbeit verrichten wie ein Kranmotor, der 60 000 kg Wasser auf einmal um 45 m hebt. Also

$$A = \frac{60\,000 \cdot 45}{270\,000} = 10\,\text{PSh}.$$

VI. Arbeit aus Wärme.

1. Wärmemenge.

A. Ein Streichholz erzeugt eine hohe Temperatur, also einen hohen Wärmestand, aber nur eine geringe Wärmemenge. Das Wasser eines Bades hat dagegen eine niedrige Temperatur, obwohl es eine große Wärmemenge enthält.

Die Temperatur von 1 kg Wasser um 1⁰ zu steigern, erfordert eine gewisse Wärmemenge. Diese ist die Wärme**einheit**. Man nennt sie 1 **Kilogrammkalorie.** Hierfür schreibt man kurz 1 **kcal** und liest »1 Kilokalorie«.

Betone die letzte Silbe. Die Mehrzahl lies »Kilokalori-en«. calor (lat.) = Wärme.

Die Temperatur von 1 kg Eisen um 1° zu steigern, erfordert nur 0,1 kcal. Wasser kann also 10 mal soviel Wärme aufspeichern als Eisen, gleiches Gewicht und gleiche Temperatursteigerung vorausgesetzt.

Entsteht in einem 1 kg schweren, eisernen Bremsklotz eine Wärmemenge von nur 10 kcal, so steigt die Temperatur schon um 100°! Darum werden auch Schneidwerkzeuge leicht zu heiß und glühen aus.

B. Verbrennt 1 kg Koks, so entstehen rund 7000 kcal. Diese Wärmemenge wird **Heizwert** genannt.

Flüssige Brennstoffe enthalten außer Kohlenstoff noch Wasserstoff und zeichnen sich deshalb durch einen hohen Heizwert aus. Er beträgt 9000 bis 11000 kcal je kg.

C. Beisp. 38. Ein Kochtopf enthält 37 l Wasser mit einer Temperatur von 12°. Während wir es über einer Gasflamme bis 95° erwärmen, strömen 1080 l Gas durch die Uhr. Der Heizwert beträgt 4900 kcal/m³. Berechne den Wirkungsgrad des Kochers.

An das Wasser abgegebene Wärme:

$$37 \, (95° - 12°) = 3070 \text{ kcal}.$$

In der Flamme erzeugte Wärme:

$$1,08 \cdot 4900 = 5300 \text{ kcal}$$

$$\eta = \frac{\text{Abgabe}}{\text{Aufnahme}} = \frac{3070 \text{ kcal}}{5300 \text{ kcal}} = 0,58 = 58\%.$$

Also gehen 42% der verbrauchten Wärme in die Luft statt ins Wasser.

2. Wärmegleichwert.

Bild 65. Um die Welle einer kleinen Wasserwirbelbremse wurde ein Seil geschlungen und daran ein Gewicht gehängt. Es sinkt und treibt das Rad der Bremse. Damit das Gehäuse nicht mitkreist, stützen wir den linken Hebelarm ab.

Die Bremse ist nahezu mit Wasser gefüllt. Durch den Hahn lassen wir ebensoviel Wasser hinaus wie durch den Trichter hinein. Wir regeln den Zu- und Ablauf so, daß endlich die Temperatursteigerung genau 1° beträgt.

I. Während 1 kg Wasser hindurchströmte, sank das Gewicht um 1 m. Da es 427 kg wiegt, verrichtete es eine Arbeit von 427 kg · 1 m = 427 kgm. Diese erwärmte 1 kg Wasser um 1°, erzeugte also 1 kcal. Folglich

427 kgm = 1 kcal (14)

Eine richtige Gleichung ist dies nicht, da beide Seiten nur gleichwertig, aber außerdem nicht gleichartig sind. Dagegen ist 2 min = 120 s eine einwandfreie Gleichung, denn beide Seiten bedeuten etwas Gleichartiges, nämlich eine Zeit.

Bild 65

427 kgm stellen eine beträchtliche Arbeit dar, verglichen mit der ihr gleichwertigen, geringen Wärmemenge. Daher unterschätzt man leicht die Arbeit, die aus Wärme entsteht, z. B. im Ölmotor, im Gewehr, oder wenn ein Dampfkessel zerknallt.

Der Arbeitswert der Wärme oder der Wärmewert der Arbeit schwankt nicht wie der Preis einer Ware. Der durch Gl. (14) festgelegte, unabänderliche Maßstab wird **Wärmegleichwert** oder Wärmeäquivalent[1]) genannt.

Beisp. 39. In Bild 66 wird eine Achse in ein Eisenbahnrad gepreßt. Wieviel Wärme entsteht hierbei?

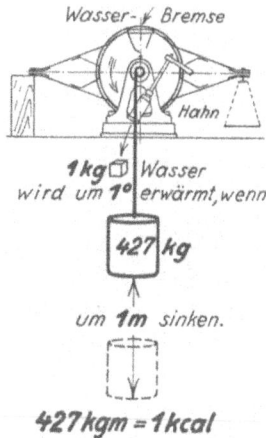

Bild: 66

$$A = P_m \cdot s = 89\,000 \cdot 0{,}19 = 16\,900 \text{ kgm}$$

$$\text{Wärmemenge} = \frac{16\,900}{427} = 39{,}6 \text{ kcal.}$$

---

[1]) Betone die letzte Silbe. aequa (lat.) = gleich, valor (lat.) = Wert. Das Äquivalent.

II. 427 kgm $= 1$ kcal

$$1 \text{ »} = \frac{1}{427} \text{ »}$$

$$270000 \text{ »} = \frac{270000}{427} = 632 \text{ kcal. Also}$$

1 PSh = 632 kcal . . . . . . (15)
(Arbeit)

Soviel Wärme erzeugt das Treiböl in Bild 67.

Beisp. 40. Ein Braunkohlenziegel wiegt 0,4 kg. Der Heizwert beträgt 5700 kcal/kg. Wieviel Arbeit könnte man aus diesem Stück mittels einer Dampfmaschine gewinnen, wenn keinerlei Verluste auftreten würden?

1PSh=632kcal

Bild: 67

Wärmemenge $= 0,4 \cdot 5700 = 2280$ kcal

$$\text{Arbeit} = \frac{2280}{632} = 3,6 \text{ PSh.}$$

3. Wärmekraftmaschinen.

A. Beisp. 41. Ein Pumpwerk für Trinkwasserversorgung wird durch einen Gasmotor getrieben. Das Gas gewinnt man aus Koks, dessen Heizwert 7560 kcal/kg beträgt. Das Wasser strömt durch eine Meßuhr. Wir können also leicht feststellen, wieviel Wasser in 1 Monat gefördert und wieviel Koks gleichzeitig verbraucht wurde. Hieraus ergibt sich durch Umrechnung: 1 kg Koks hob 5920 l Wasser um 71 m. Berechne den Gesamtwirkungsgrad des Wasserwerkes.

Hubarbeit $= 5920 \cdot 71 = 420000$ kgm

7560 kcal $= 7560 \cdot 427 = 3230000$ kgm

$$\eta = \frac{420000 \text{ kgm}}{3230000 \text{ kgm}} = 0,13 = 13\%.$$

Also entziehen sich 87% des Brennstoffes dem eigentlichen Zweck, nämlich Wasser zu heben.

Beisp. 42. In einem Dampfkessel wurden in 7 h 12 min 265 kg Steinkohle mit einem Heizwert von 7490 kcal/kg verbrannt. Währenddessen bremsten wir ununterbrochen 48 PS ab. Berechne den Gesamtwirkungsgrad.

$$7 \text{ h } 12 \text{ min} = 7 \text{ h } + \tfrac{12}{60} \text{ h} = 7{,}2 \text{ h.}$$

$$A = 48 \text{ PS} \cdot 7{,}2 \text{ h} = 345{,}6 \text{ PSh.}$$

Auf der B r e m s f l ä c h e entstanden:

$$345{,}6 \text{ PSh} \cdot 632 \text{ kcal/PSh} = 218\,400 \text{ kcal.}$$

Auf dem R o s t entstanden:

$$265 \text{ kg} \cdot 7490 \text{ kcal/kg} = 1\,984\,800 \text{ kcal.}$$

$$\eta = \frac{\text{Wärme-Abgabe}}{\text{Wärme-Aufnahme}} = \frac{218\,400 \text{ kcal}}{1\,984\,800 \text{ kcal}}$$

$$= 0{,}11 = \tfrac{11}{100} = 11\,\%.$$

Von 100 Schaufeln Kohle treiben also nur 11 Schaufeln das Schwungrad. Der Wärmeinhalt des übrigen Brennstoffes entweicht fast ganz mit dem **Abdampf** und den **Schornsteingasen.**

Ersetzt man die Bremsklötze durch einen Riemen, der ein Sägewerk treibt, so erwärmen sich Werkstoff und Werkzeug. Dann finden wir **dort 11 %** der gesamten Brennstoffaufnahme wieder. Der eigentliche Zweck der Anlage besteht natürlich nur darin, Baumstämme zu zerteilen.

Beisp. 43. Ein Bootsmotor verbrauchte in 2 h 39 min 20 kg Treiböl mit einem Heizwert von 10530 kcal/kg. Wir bremsten in der Werkstatt ununterbrochen 34 PS ab. Berechne den Gesamtwirkungsgrad.

$$2 \text{ h } 39 \text{ min} = 2 \text{ h} + \tfrac{39}{60} \text{ h} = 2{,}65 \text{ h.}$$

$$A = 34 \text{ PS} \cdot 2{,}65 \text{ h} = 90 \text{ PSh.}$$

Brennstoffverbrauch:

$$\frac{20 \text{ kg}}{90 \text{ PSh}} = 0{,}222 \, \frac{\text{kg}}{\text{PSh}} = 0{,}222 \text{ kg/PSh.}$$

5*

Wärmeverbrauch:

$0{,}222 \text{ kg/PSh} \cdot 10\,530 \text{ kcal/kg} =$

$$= 2340 \frac{\text{kg}}{\text{PSh}} \cdot \frac{\text{kcal}}{\text{kg}} = 2340 \frac{\text{kcal}}{\text{PSh}} = 2340 \text{ kcal/PSh}.$$

In einem verlustlosen Motor würden 632 kcal genügen, um 1 PSh zu erzeugen.

$$\eta = \frac{632 \text{ kcal/PSh}}{2340 \text{ kcal/PSh}} = 0{,}27.$$

Also treiben nur 27% des Brennstoffes das Boot vorwärts. Aber auch dieser, zur eigentlichen Nutzleistung dienende Teil wird sogleich wieder zu Wärme.

B. Verbleib der Wärme. Bild 68. Die Bootsschraube wirkt wie eine Wasserwirbelbremse. Weil die Menge des Fahrwassers gering ist, wird es

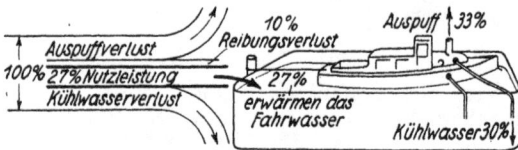

Bild 68

merklich wärmer. Es nimmt 27% der dem Motor zugeführten Wärme auf. Mit dem Kühlwasser gehen etwa 30% des Brennstoffes verloren.

Der Stickstoff beteiligt sich nicht an der Verbrennung. Kühl tritt er ein, heiß zieht er ab. Hauptsächlich verursacht der unnütze Stickstoff den großen Wärmeverlust im Auspuff. Er beträgt etwa 33%.

Am geringsten ist der Verlust durch die Reibung der Wellen und Kolben. Er macht nur etwa 10% aus.

Häufig benutzt man die Wärme des Auspuffgases und Kühlwassers zum Heizen, Kochen, Waschen. Diese und ähnliche Verwertung der Abwärme pflegt man jedoch in dem Gesamtwirkungsgrad nicht zu berücksichtigen.

Wasserkraftanlagen zeichnen sich durch einen so hohen Wirkungsgrad aus, weil nur Reibungsverlust auftritt.

2. Hälfte.

I. Ungleichförmige Bewegung.

1. Beschleunigung.

A. Bild 69. Der Eisenbahnwagen ist schon
in Fahrt. Der Geschwindigkeitsmesser zeigt ununterbrochen 3 m/s an. Also fährt der Wagen
gleichförmig.

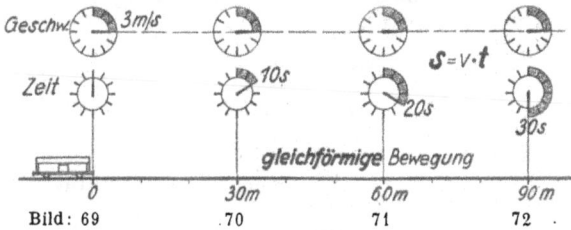

Bild: 69   70   71   72

In 10 s legt er 3 · 10 = 30 m zurück (Bild 70).
Nach 20 s sind 3 · 20 = 60 m durchlaufen usw,
(Bild 71 u. 72). Der Weg wächst wie die Zeit, also
wie der Sekundenzeiger fortschreitet.

B. In Bild 73 zeigt nicht nur die Stechuhr auf
Null, sondern auch der Geschwindigkeitsmesser.
Der Wagen steht also noch still.

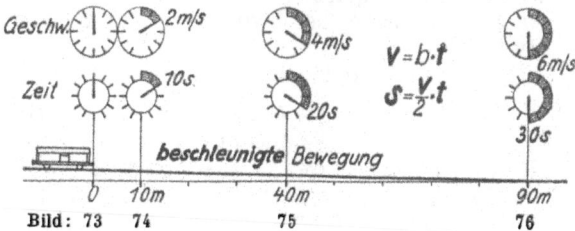

Bild: 73   74   75   76

Wir lösen die Bremsen. Sobald der Wagen ab-
fährt, drücken wir auf die Stechuhr. Gleichzeitig
schlägt der Geschwindigkeitsmesser von selbst
aus. Dessen Zeiger dreht sich zufällig ebenso
rasch wie der Sekundenzeiger. Also bleiben beide
Zeiger stets parallel.
Die Geschwindigkeit wächst in jeder Sekunde
um den gleichen Betrag. Wir beobachten eine
gleichmäßig beschleunigte Bewegung.

C. Nach 10 s (Bild 74) zeigt der Geschwindigkeitsmesser 2 m/s an. Also wuchs die Geschwindigkeit in 1 s um $2 : 10 = 0,2$ m/s. Diese Zunahme
in der Zeiteinheit wird **Beschleunigung** genannt
und mit b abgekürzt. Es ist

$$b = 0,\overset{.}{2}\,\text{m/s in 1 s} = 0,2\,\frac{m}{s}\,\text{in 1 s} = 0,2\,\frac{m}{s}\Big/s = 0,2\,\frac{m}{s} : s$$

$$= 0,2\,\frac{m}{s \cdot s} = 0,2\,\frac{m}{s^2} = 0,2\,\text{m/s}^2.$$

Die Maßeinheit für die Beschleunigung lautet
also kurz m/s² (lies »Meter je Sekundequadrat«).

$$\frac{m}{s} : s = \frac{m}{s \cdot s}\quad \text{ergibt sich ähnlich wie}\quad \frac{4}{5} : 7 = \frac{4}{5 \cdot 7}\cdot$$

2. Endgeschwindigkeit.

A. Die Geschwindigkeit des Wagens wächst um
0,2 m/s in 1 s. Am Ende der 1ten s betrug sie also
0,2 m/s. Nach 18 s ist die Geschwindigkeit ange-
wachsen auf $0,2 \cdot 18 = 3,6$ m/s.
Hört am Ende der 18ten s die Beschleunigung
auf (Schienen waagrecht), so fährt der Wagen mit
einer gleichförmigen Geschwindigkeit von 3,6 m/s
weiter. Also
Endgeschwindigkeit = Beschleunigung × Zeit
oder
$$v = b \cdot t \quad \ldots \ldots \quad (16)$$

B. Die Anfangsgeschwindigkeit war gleich
Null. Am Ende der 10ten s ist $v = 0,2 \cdot 10 = 2$ m/s.
Während dieses Fahrtabschnittes war die **durch-
schnittliche** Geschwindigkeit gleich dem Mittelwert

aus der **Anfangs-** und **End**geschwindigkeit, also
gleich $(0 + v) : 2$ oder einfach gleich der **Hälfte
der Endgeschwindigkeit** v. Die durchschnittliche
Geschwindigkeit betrug also $2\,\text{m/s} : 2 = 1\,\text{m/s}$.

3. Weg.

A. Fährt der Wagen mit dieser Geschwindig-
keit 10 s lang, so ist sein Weg $1\,\text{m/s} \cdot 10\,\text{s} = 10\,\text{m}$.

Ebenso weit gelangt der Wagen, wenn er sich
(vom Stillstand aus gemessen) in 10 s bis zu einer
Geschwindigkeit von $2\,\text{m/s}$ **beschleunigt**. Das
bestätigt Bild 74. Also

Weg = durchschnittl. Geschwindigkeit × Zeit

oder
$$s = \frac{v}{2} \cdot t \quad . \quad . \quad . \quad . \quad . \quad (17)$$

B. Beisp. 44. Welche Geschwindigkeit hat der
Wagen am Ende der 20ten s ? Wie weit ist er gefahren ?

$$v = b \cdot t = 0{,}2 \cdot 20 = 4\,\text{m/s}; \quad s = \frac{v}{2}\,t = \frac{4}{2} \cdot 20 = 40\,\text{m}.$$

Dies Ergebnis lieferte auch unsere Meßfahrt. Siehe
Bild 75.

Beisp. 45. In wieviel Sekunden erlangt der
Wagen eine Geschwindigkeit von $6\,\text{m/s}$? Wie
lang ist der benötigte Weg ?

Aus $v = b \cdot t$ folgt $t = \dfrac{v}{b} = \dfrac{6}{0{,}2} = 30\,\text{s}$.

$s = \dfrac{v}{2}\,t = \dfrac{6}{2} \cdot 30 = 90\,\text{m}$. Dies bestätigt Bild 76.

C. Auswertung. I. Fährt der Wagen stets
gleich schnell wie in Bild 69 . . ., so ist sein Weg
$s = v \cdot t$. Dann schwillt v nicht an (darum dünn
gedruckt). Der Weg s wächst also einfach wie t,
oder wie der Sekundenzeiger fortschreitet.

II. Setzt sich aber der Wagen gleichförmig beschleunigt in Gang wie in Bild 73 . . ., so ist sein
Weg $s = \dfrac{v}{2}\,t$. Jetzt schwillt auch v an (darum fett
gedruckt). Also wächst s viel stärker als vorher.

Der Weg nimmt jetzt nicht wie v zu, auch nicht wie t, sondern wie das **Produkt** $v \cdot t$. Beide Faktoren wachsen miteinander.

4. Überblick.

A. Bild 77. Drehen wir die Platte von innen nach außen ab, so ist die Schnittgeschwindigkeit anfangs gleich Null. Dann schwillt sie gleichmäßig an, da wir die Umlaufzahl nicht ändern.

Die Schnittgeschwindigkeit ist also gleichmäßig beschleunigt. Sie beträgt schließlich 6 m/s. In 30 s ist die ganze Fläche abgedreht.

Die Geschw. wächst wie der Durchm.,
der Weg " " " Inhalt
des Kreises.

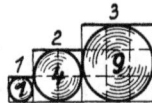

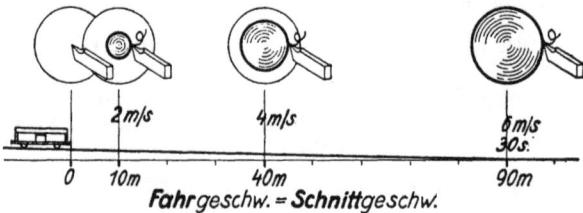

Fahrgeschw. = Schnittgeschw.

2 m/s   4 m/s   6 m/s
                  30 s.

0   10m   40m   90m

Bild: 77   78   79   80

B. Auch unser Wagen steigert seine Geschwindigkeit bis 6 m/s in einer Zeit von 30 s. Fährt also der Wagen ab, sobald das Werkzeug zu schneiden beginnt, so ist in jedem Augenblick

Fahrgeschwindigkeit = **Schnitt**geschwindigkeit.

Der Drehstahl erzeugt eine Rille mit gleichen Zwischenräumen. Die Länge der Rille wächst wie der Weg des Wagens. Die Rille ist also schließlich auch 90 m lang.

C. Am Schneidvorgang erkennen wir wichtige Gesetze besonders deutlich;

I. Die **Geschwindigkeit** des Wagens wächst wie der **Durchmesser** der abgedrehten Fläche.

II. Der **Weg** des Wagens wächst wie die Länge der Rille und folglich auch wie der Flächen-**Inhalt** des Kreises.

Bild 81. Die **Durchmesser** (und damit auch die Umfangsgeschwindigkeiten) sind gleichmäßig abgestuft. Sie verhalten sich wie $1:2:3$.

Ganz anderes gilt von den **Inhalten** der Kreise (und folglich auch von den Rillenlängen). Die Kreisinhalte verhalten sich wie die Inhalte der umschriebenen Quadrate, also wie $1:4:9$ oder $1^2:2^2:3^2$.

Die **Fahr-Geschwindigkeit** wächst ganz gleichmäßig, nämlich einfach wie der Durchmesser. Der durchfahrene **Weg** wächst aber wie der Inhalt des Quadrates über dem Durchmesser. Kurz gesagt, der Weg wächst **quadratisch**, also in immer größer werdenden Sprüngen.

5. Vereinigung der Grundformeln (16) und (17).

A. Aus $v = b \cdot t$ folgt $t = \dfrac{v}{b}$. Also dürfen wir in $s = \dfrac{v}{2} \cdot t$ an die Stelle von t den Wert $\dfrac{v}{b}$ setzen.

Damit wird $s = \dfrac{v}{2} \cdot t = \dfrac{v}{2} \cdot \dfrac{v}{b}$ oder

$$s = \frac{v^2}{2\,b} \quad \ldots \ldots \quad (18)$$

Anderseits läßt sich in $s = \dfrac{v}{2} \cdot t$ der Wert v durch $b \cdot t$ ersetzen, denn bekanntlich ist $v = b \cdot t$. Damit wird $s = \dfrac{v}{2} \cdot t = \dfrac{b \cdot t}{2} \cdot t$ oder

$$s = \frac{b \cdot t^2}{2} \quad \ldots \ldots \quad (19)$$

B. Auswertung. I. Die Beschleunigung b hat einen festen Wert und schwillt nicht an. Also wächst gemäß Gl. (18) der Weg s wie der Zähler v^2. Dieser stellt ein Quadrat dar mit der Kante v. Bild 82. Wächst v (die Kante des Quadrates), so wächst v^2 (der Inhalt des Quadrates) viel rascher, denn die Fläche wird nicht nur breiter, sondern gleichzeitig ebensoviel höher.

Bild: 82

Diese Überlegung gilt sinngemäß auch für Gl. (19). Dann stellt die Kante des Quadrates die Zeit t dar, und der Inhalt beträgt t^2.

II. Der **Weg** wächst immer rascher, nämlich wie der Inhalt des **Quadrates** über der Geschwindigkeit oder wie der Inhalt des **Quadrates** über der Zeit. Hierfür sagt man kurz, der Weg wächst wie das Quadrat der Geschwindigkeit oder wie das Quadrat der Zeit.

C. Anwendung. Beisp. 46. Als ein Straßenbahnwagen anfuhr, steigerte er seine Geschwindigkeit während 12 s auf einem 30 m langen Weg. Berechne die Beschleunigung.

Aus

$$s = \frac{b\,t^2}{2} \text{ folgt } b = \frac{2\,s}{t^2} = \frac{2\cdot 30}{12^2} = 0{,}42 \text{ m/s}^2.$$

Die Geschwindigkeit wuchs also um 0,42 m/s in jeder s.

Die Grundformeln (16) und (17) hätten auch ausgereicht:

$$\text{Aus } s = \frac{v}{2}\,t \text{ folgt } v = \frac{2\,s}{t} = \frac{2\cdot 30}{12} = 5 \text{ m/s.}$$

$$\text{»   } v = b\cdot t \text{   »   } b = \frac{v}{t} = \frac{5}{12} = 0{,}42 \text{ m/s}^2.$$

Diese umständliche Lösung hat den Vorteil, daß sie als Zwischenergebnis die Endgeschwindigkeit v liefert.

Beisp. 47. Ein elektrisch betriebener Zug fährt mit einer Beschleunigung von 0,8 m/s² ab. Welche Geschwindigkeit hat er nach einem Wege von 300 m?

Dies läßt sich nur mittels Gl. (18) errechnen.

Aus $\dfrac{v^2}{2\,b} = s$ folgt $v^2 = 2\,b\,s = 2 \cdot 0,8 \text{ m/s}^2 \cdot 300 \text{ m}$.

$$v^2 = 480 \text{ m}^2/\text{s}^2. \quad \text{Also muß sein}$$
$$v = 21,9 \text{ m/s}.$$

Probe: $21,9 \text{ m/s} \cdot 21,9 \text{ m/s} = 480 \text{ m}^2/\text{s}^2$.

Um v zu erhalten, mußten wir 480 in 2 gleich große Faktoren zerlegen, also die Seite eines Quadrates suchen, das einen gegebenen Inhalt hat (480). Dies nennt man die »Wurzel aus 480 ziehen«.

$$v = \sqrt{480} = \boxed{480} = \boxed{480}$$

Das Wurzelzeichen erinnert an zwei aneinander stoßende Seiten eines Quadrats. Eine ist das gesuchte v. Die dick gezeichnete Seite ähnelt einer Wurzel.

Beisp. 48. Wieviel Meter legt der Zug im vorigen Beispiel in 15 s zurück?

$$s = \frac{b\,t^2}{2} = \frac{0,8 \cdot 15^2}{2} = 90 \text{ m}.$$

Dies Ergebnis liefern auch einfache Formeln:

$$v = b \cdot t = 0,8 \cdot 15 = 12 \text{ m/s}; \quad s = \frac{v}{2}\,t = \frac{12}{2} \cdot 15 = 90 \text{ m}.$$

Beisp. 49. Ein Schnellzug wurde gebremst, als der Geschwindigkeitsmesser 95 km/h anzeigte. Der Zug lief noch 550 m, bis er stand. Berechne die Bremszeit und Verzögerung.

Diese Werte sind ebenso groß wie die Zeit zum Anfahren und wie die Beschleunigung, wenn der Zug auf einem 550 m langen Weg seine Geschwindigkeit bis 95 km/h steigert.

$$95 \text{ km/h} = \frac{95\,000}{3600} = 26,4 \text{ m/s}.$$

Aus $s = \dfrac{v^2}{2\,b}$ folgt $b = \dfrac{v^2}{2\,s} = \dfrac{26,4^2}{2 \cdot 550} = 0,63 \text{ m/s}^2$,

» $v = b \cdot t$ » $t = \dfrac{v}{b} = \dfrac{26,4}{0,63} = 42$ s.

Die Uhr zeigte jedoch 38 s an. Diese Unstimmigkeit beruht darauf, daß der Zug auf der 550 m langen

Strecke nicht überall genau gleich stark abgebremst wurde. Unsere Formeln setzen aber eine stets gleich groß bleibende Beschleunigung oder Verzögerung voraus. Nimmt z. B. b um 0,4 m/s² in 1 s zu oder ab, so heißt das, die **Änderung** der Geschwindigkeits**änderung** beträgt 0,4 m/s²/s oder 0,4 m/s³. Dann nennt man die Bewegung ungleichförmig beschleunigt oder verzögert.

D. Prüfung der Maßeinheiten.

Ist z. B. $b = 3$ m/s² und $t = 10$ s, so gilt

$$v = b \cdot t = 3 \text{ m/s}^2 \cdot 10 \text{ s} = 30 \frac{\text{m}}{\text{s}^2} \cdot \text{s} = 30 \frac{\text{m} \cdot \text{s}}{\text{s}^2} = 30 \text{ m/s}$$

$$s = \frac{v^2}{2b} = \frac{(30 \text{ m/s})^2}{2 \cdot 3 \text{ m/s}^2} = \frac{900 \frac{\text{m}^2}{\text{s}^2}}{6 \frac{\text{m}}{\text{s}^2}} = 150 \frac{\text{m}^2}{\text{s}^2} \cdot \frac{\text{s}^2}{\text{m}} = 150 \text{ m}$$

$$s = \frac{b \cdot t^2}{2} = \frac{3 \text{ m/s}^2 \cdot (10 \text{ s})^2}{2} = \frac{3 \frac{\text{m}}{\text{s}^2} \cdot 100 \text{ s}^2}{2} = 150 \text{ m}.$$

In jedem Fall stellte sich die Maßeinheit des Ergebnisses richtig ein. Sonst wäre die benutzte Formel falsch gewesen.

6. Freier Fall.

a) Lotrechte Bahn.

Rollt eine Kugel auf einem geneigten Tisch herab, so beobachten wir einen Fall auf erzwungener Bahn. Die Beschleunigung wächst, wenn wir den Tisch stärker neigen. Ist die Bahn lotrecht, so hat die Beschleunigung ihren größten Wert erreicht.

Dann spricht man von einem freien Fall. Ein solcher ist streng genommen nur im luftleeren Raum möglich, wenn also keinerlei Hemmung vorhanden ist.

Beisp. 50. Von dem Schornstein in Bild 83 fiel ein Stein in 4,0 s herab. Berechne seine Beschleunigung. Der Stein ist so geformt, daß ihn die Luft kaum bremst.

Aus $\frac{b \cdot t^2}{2} = s$ folgt $b = \frac{2s}{t^2} = \frac{2 \cdot 78,4}{4^2} = 9,8 \text{ m/s}^2$.

Dies Ergebnis wird **Fallbeschleunigung** genannt und mit g abgekürzt (gravis (lat.) = schwer).

Da man ferner die Fallhöhe mit h bezeichnet, er- ergibt sich die **End**geschwindigkeit gemäß Gl. (18) aus $\frac{v^2}{2\,g} = h$. Also $v^2 = 2\,g\,h$. Hieraus folgt die Nebenformel

$$v = \sqrt{2\,g\,h}.$$

Diese auf unser Beispiel angewandt, ergibt

$$v = \sqrt{2 \cdot 9{,}8 \text{ m/s}^2 \cdot 78{,}4 \text{ m}} = \sqrt{1540 \text{ m}^2/\text{s}^2} = 39{,}2 \text{ m/s}.$$

Beisp. 51. Wie tief fällt der Stein in 3 s?

Entsprechend Gl. (19) ist

$$h = \frac{g \cdot t^2}{2} = \frac{9{,}8 \cdot 3^2}{2} = 44{,}1 \text{ m}.$$

Bild: 83   84   85

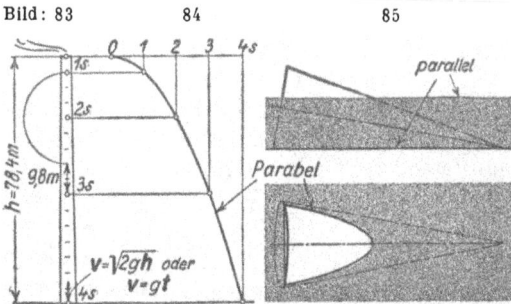

Bild 83 zeigt den Ort des Steines am Ende der 1., 2., 3. und 4. s. Jeder Abschnitt wurde also in **1** s durchfallen. Da der Geschwindigkeitszuwachs 9,8 m/s in **1** s beträgt, muß jeder Abschnitt um 9,8 m länger sein als der vorhergehende. Um dies zu prüfen, wurde der Halbkreis eingezeichnet.

In Bild 86 fallen zwei Ziegelsteine lose neben- einander. Sie bleiben zusammen.

Also fallen sie vereint (Bild 88) ebenso rasch wie einzeln (Bild 87). Was folgt daraus?

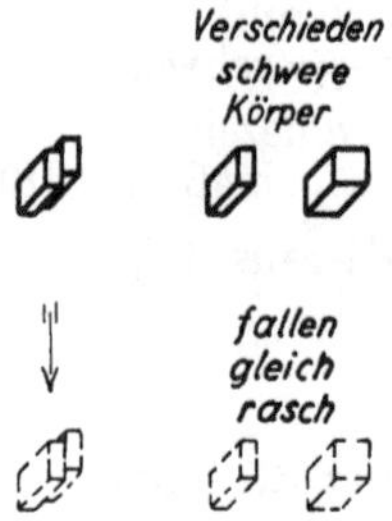

Verschieden schwere Körper

fallen gleich rasch

Bild: 86 87 88

Verschieden schwere Körper fallen gleich rasch.

Ein Blatt schwebt allerdings langsam herab. Es bietet der Luft eine so große Angriffsfläche.

Der Mond ist bekanntlich viel kleiner als die Erde und übt eine entsprechend kleinere Anziehungskraft aus. Darum erzeugt er eine Fallbeschleunigung von nur 2 m/s².

Beisp. 52. Ein Geschoß verläßt den lotrecht gerichteten Lauf eines Gewehres mit einer Geschwindigkeit von 800 m/s. Wie hoch und wie lange steigt es?

Die Verzögerung ist gleich der Beschleunigung beim Fall.

$$h = \frac{v^2}{2\,g} = \frac{800^2}{2 \cdot 9,8} = 32\,640 \text{ m}.$$

Aus $v = g \cdot t$ folgt

$$t = \frac{v}{g} = \frac{800}{9,8} = 81,6 \text{ s}.$$

Probe:

$$h = \frac{v}{2} \cdot t = \frac{800}{2} \cdot 81,6 = 32\,640 \text{ m}.$$

Da die Mündungsgeschwindigkeit des Geschosses so groß ist, wird es anfangs durch die Luft sehr stark gebremst. Darum weichen die errechneten Werte von den wirklichen erheblich ab.

b) Gekrümmte Bahn.

Bild 84. Als sich ein Flugzeug in 0 befand, ließ es eine Bombe fallen. Sie behält ihre ursprüngliche, waagrechte Geschwindigkeit bei. Also befindet sich die fallende Bombe stets lotrecht unter dem Flugzeug. Sie stößt nach 4 s auf wie beim lotrechten Fall.

Um die gekrümmte Bahn zu zeichnen, entnehmen wir die Fallwege nach 1, 2, 3 und 4 s aus dem benachbarten Bild. Sie sind lang 1, 4, 9 und 16 Teile.

Der waagrechte Weg wächst **einfach** wie die
Zeit. Der Fallweg in lotrechter Richtung nimmt
dagegen wie das **Quadrat** der Zeit zu (Gl. (19)).
Darum ist die Wurfbahn eine **Parabel.**

In Bild 85 liegt ein Kegel auf dem waagrechten
Boden eines Gefäßes. Der Wasserspiegel schneidet den
Kegel. Die Schnittkurve ist eine Parabel.

Steigt oder sinkt der Wasserspiegel, so wird die
Parabel stumpfer oder spitzer. Auch eine Wurfbahn
kann flach oder steil sein. Stets ist sie eine Parabel,
wenn wir uns den Luftwiderstand ausgeschaltet denken.

II. Geradlinig fortschreitende Masse.

1. Trägheit.

A. Will man einen Eisenbahnwagen beschleunigen oder verzögern, so wehrt er sich heftig.
Wir verspüren einen starken Widerstand. Der
Wagen ist träge. Im Gegensatz zum Tier kann
ein lebloser Körper aus sich selbst seine Geschwindigkeit nicht im geringsten ändern. Hierzu
bedarf es einer **Kraft** von außen. Diese ist keine stillstehende, sondern eine fortschreitende Kraft.
Sie verrichtet also Arbeit.

Infolge der **Trägheit** kommt ein fahrender
Wagen von selbst nicht zur Ruhe (Verkehrsunfälle).
Umgekehrt gerät ein ruhender Körper ohne die
Wirkung einer Kraft nicht in Bewegung.

B. Versetzen wir einen Wagen auf waagrechten
Schienen in Schwung, um ihn dann sich selbst zu
überlassen, so bleibt er allmählich stehen. Es stemmt
sich also eine Kraft dem Wagen entgegen. Das geschieht ohne unsere Mitwirkung. Der unvermeidliche Roll- und Luftwiderstand bremst den Wagen.

Eine solche Hemmung erfährt die Erdkugel nicht.
Völlig reibungslos eilt sie durchs Weltall. Also
nimmt ihre rasende Geschwindigkeit nicht im geringsten ab. Die Länge eines Jahres ändert sich nicht.

2. Beschleunigungskraft.

A. I. In Bild 89 reicht die Kraft W gerade aus, um den Reibungswiderstand zu überwinden. Also bewegt sich der Wagen gleichförmig.

So viel Reibung, daß die Bewegung nur gleichförmig ist
Bild: 89

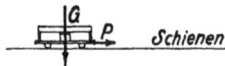

Keine Reibung, so daß die Bewegung beschleunigt ist.
90

II. Den Wagen im nächsten Bild 90 denken wir uns so vortrefflich gebaut, daß ihn keinerlei Reibung hemmt. Also dient die Kraft P nur dazu, den Wagen immer rascher zu bewegen, ihn zu beschleunigen, denn sie braucht ja Hub- oder Reibungsarbeit nicht zu verrichten.

III. Doppelte Kraft bewirkt doppelte Beschleunigung. Verdoppeln wir dagegen das Gewicht des Wagens, ohne die Zugkraft zu ändern, so nimmt die Beschleunigung bis zur Hälfte ab.

Verdreifachen wir nicht nur das Gewicht, sondern auch die Zugkraft, so bleibt die Beschleunigung die gleiche.

B. I. Den Wagen greifen zwei Kräfte an, nämlich die **Zugkraft** $P \rightarrow$ und die **Schwerkraft** $G \downarrow$. Diese ist gleich dem **Gewicht** des Wagens. Auch die Schwerkraft würde den Wagen beschleunigen, wenn sie fortschreiten $\downarrow$ könnte. Das ist möglich, sobald der Wagen z. B. von einer hohen Brücke herabstürzt. Dann ist das **Gewicht** $\downarrow$ **gleichzeitig die Kraft** $\downarrow$, die den Körper beschleunigt. Es entsteht ohne unsere Mitwirkung eine Beschleunigung von 9.8 m/s².

II. Ist ein anderer Wagen 5 mal so schwer, so beträgt auch die Anziehungskraft der Erde das 5 fache. Dann beschleunigt die 5 fache Kraft das 5 fache Gewicht. Also ändert sich die Beschleunigung nicht. Sie beträgt wieder 9,8 m/s².

Noch im Mittelalter war man der falschen Ansicht, daß ein schwerer Körper schneller fällt als ein weniger schwerer.

C. I. Schleudert man aus einem Boot einen Stein waagrecht fort, so bewegt der **Rückstoß** das Boot entgegengesetzt.

Unsere Faust drückt gegen den Stein → und beschleunigt ihn. **Umgekehrt** drückt der Stein gegen die Faust ←. Diesen Rückstoß überträgt unser Körper auf das Boot.

II. Statt des Steines wurden schon Feuerwerkskörper (Raketen) benutzt, um einen Wagen zu treiben →. Nach hinten ← schoß das Verbrennungsgas heraus. Es erzeugte trotz seines **geringen Gewichtes** einen starken Rückstoß, da es eine **riesige Beschleunigung** erlangte.

Ein Flugzeug kann im luftleeren Raum nicht aufsteigen, wohl aber eine Rakete ↑. Sie verläßt sogar den Anziehungsbereich der Erde, wenn dauernd Verbrennungsgas ausströmt ↓. Die jetzigen Feuerwerkskörper sind aber vorzeitig erschöpft.

Eine Rakete steigt im luftleeren Raum am schnellsten auf, weil sie dort keinen Luftwiderstand zu überwinden braucht.

III. Der erste Wagen mit Rückstoßantrieb erreichte auf waagrechten Schienen eine Beschleunigung von über 8 m/s². Also bewegte sich der **Wagen** fast wie ein **fallender Stein**. Dementsprechend war der Rückstoß, die treibende Kraft, nicht viel geringer als das Gewicht des Wagens.

Um einen 2 kg schweren Stein waagrecht fortzustoßen mit einer Beschleunigung von 6 · 9,8 m/s², muß unsere Faust einen Druck ausüben von 6·2 kg = 12 kg.

D. I. In Bild 90 ist P gering, verglichen mit G. Lassen wir P wachsen, so wächst auch die Beschleunigung, und zwar im **gleichen Maße**.

Ist sie endlich gleich 9,8 m/s² geworden, so wissen wir, daß jetzt P ebensoviel beträgt wie das Gewicht G. Dann beobachten wir sozusagen einen „freien Fall" auf waagrechter Bahn.

II. Auch den Wagen in Bild 91 denken wir uns so vortrefflich gebaut, daß ihn keinerlei Reibung hemmt. Die Kraft P kann den Wagen nicht bewegen, denn er ist noch an dem Pfahl durch ein Seil befestigt.

Es fällt uns auf, daß die **Zugkraft $P \to$** ebenso groß ist wie das **Gewicht $G \downarrow$** des Wagens, also wie die Kraft, mit der die Erde dem Wagen eine Fallbeschleunigung von **9,8 m/s²** erteilen würde.

III. Schneiden wir das Seil plötzlich durch, so fährt der Wagen ab, erst langsam, dann immer schneller. Ununterbrochen zieht die Kraft P, und zwar stets gleich stark. Also bewegt sich der Wagen gleichmäßig beschleunigt. Mit

Bild: 91

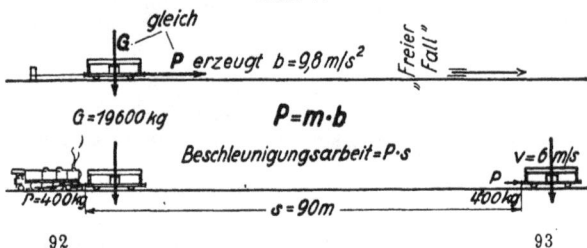

92   93

einer Beschleunigung von 9,8 m/s², wie beim freien Fall, eilt der Wagen über die Schienen.

Verringern wir P, z. B. bis zur Hälfte, so nimmt die Beschleunigung ebenso weit ab, also auch bis zur Hälfte.

E. Wie stark braucht die Kraft P nur zu sein, um eine Beschleunigung von 0,2 m/s² zu erzeugen? Bild 91.

$\to$ 9,8 m/s² entst. durch $\to$ 19600 kg Zugkraft

$$1 \quad » \quad » \quad » \quad \frac{19600}{9,8} \text{kg} \quad »$$

$$0,2 \quad » \quad » \quad » \quad \frac{19600}{9,8} \cdot 0,2 = 400 \text{kg.}$$

Mit dieser Kraft schiebt die Lokomotive in Bild 92 den Wagen. Sie erteilt ihm also eine Beschleunigung von 0,2 m/s².

Unser bestimmtes Zahlenbeispiel $\dfrac{19\,600}{9,8} \cdot 0,2 = 400$

verallgemeinert, ergibt $\dfrac{G}{g} \cdot b = P$.

Den Bruch $\dfrac{G}{g}$ nennt man die **Masse** des Körpers.

Man kürzt sie mit m ab. Dann gilt $m \cdot b = P$ oder

$$P = m \cdot b \quad \ldots \ldots \ldots \ (20)$$

Es ist m = Masse, aber m = Meter. In den Bildern stehen alle Buchstaben schräg.

Gl. (20) läßt sich auch so schreiben: $P = G \cdot \dfrac{b}{g}$.

Dann erkennt man, daß die Beschleunigungskraft P gleich der Schwerkraft G ist mal dem Verhältnis zweier Beschleunigungen.

Deren Maßeinheiten (m/s²) kürzen sich weg. Also ergibt sich die Maßeinheit der Kraft P ganz richtig zu kg.

3. Wucht.

A. Die Lokomotive in Bild 92 beginnt den Wagen mit einer Kraft zu schieben, die ununterbrochen 400 kg beträgt.

Da diese Kraft keinerlei Reibung zu überwinden braucht, geht sie völlig darin auf, den Wagen immer schneller zu bewegen, ihn gleichmäßig zu beschleunigen ($b = 0,2$ m/s²). Nach einem Wege von 90 m bremsen wir die Lokomotive. Bild 93. Der Wagen fährt allein weiter mit gleichförmiger Geschwindigkeit. Daß diese 6 m/s beträgt, lehrt Bild 73—76, denn dort war die Beschleunigung auch 0,2 m/s² auf einem Weg von 90 m.

B. I. Die Lokomotive übertrug auf den Wagen eine **Beschleunigungsarbeit** von

$$A = P \cdot s = 400 \cdot 90 = 36\,000 \text{ kgm.}$$

Diese Arbeit speicherte der Wagen auf. Sie lebt als **Wucht** weiter.

II. Wir können die gleiche Wucht statt durch
400 kg auf einem 90 m langen Wege auch erzeugen
durch 200 kg · 180 m oder 800 kg · 45 m, also durch
eine kleinere oder größere Beschleunigung.

Stets ist gleich viel Arbeit nötig, um die Geschwindigkeit bis 6 m/s zu steigern.

C. Vereinigung der Grundformeln. I. Da also
nicht die Beschleunigung, sondern nur die **Endgeschwindigkeit maßgebend** ist, werden wir auch
daraus die aufgespeicherte Beschleunigungsarbeit
berechnen können:

$$A = P \cdot s$$

oder

$$A = m \cdot b \cdot \frac{v^2}{2\,b}.$$

Hierin tritt die Beschleunigung b gleichzeitig im
Zähler und Nenner auf. Also hebt sich b weg,
was zu erwarten war. Nebensächlich ist deshalb
nicht nur die Zeit, in der die Wucht entsteht,
sondern auch der benötigte Weg. Es bleibt übrig

$$A = \frac{m \cdot v^2}{2} \quad \ldots \ldots \quad (21)$$

II. Diese Formel sagt aus, daß die aufgespei-
cherte Arbeit letzten Endes nur abhängt vom
Gewicht und vom **Quadrat der Geschwindigkeit.**
Probe:

$$A = \frac{19600\,\text{kg} \cdot (6\,\text{m/s})^2}{9,8\,\text{m/s}^2 \cdot 2} = 36\,000\,\frac{\text{kg} \cdot \frac{\text{m}^2}{\text{s}^2}}{\frac{\text{m}}{\text{s}^2}} = 36\,000\,\text{kg}\frac{\text{m}^2}{\text{s}^2} \cdot \frac{\text{s}^2}{\text{m}}$$

$$= 36\,000\,\text{kgm}.$$

Nicht nur die Maßzahl deckt sich mit der des
vorhin errechneten Ergebnisses, sondern auch dessen
Maßeinheit (kgm) stellt sich folgerichtig ein.

4. Gedankenversuch.

A. Bild 94. Wir wollen den Wagen in Schwung
versetzen, indem wir den Riemen zu einer Walze

aufwinden, wie die darüber gezeichneten Bilder
zeigen. Ein Motor dreht die Walze mit gleichbleibender Umlaufzahl.

Also wächst der Durchmesser und hiermit auch
die Umfangsgeschwindigkeit der Walze gleichmäßig an (wie der Sekundenzeiger fortschreitet).

Darum bewegt sich der Wagen gleichmäßig
beschleunigt. Der Riemen zieht also stets mit
gleicher Kraft (in den Bildern mit P bezeichnet).

B. Die aufgespeicherte Arbeit, also die **Wucht**
des Wagens, schwillt an wie der **Weg** der Kraft P
oder wie der **Inhalt** des Kreises. Dieser Inhalt
wächst wie der des umschriebenen **Quadrates.**

Bild 98. Während sich die **Geschwindigkeit**
(**Kante** des Quadrates) verdoppelt und verdrei-
facht, wächst die **Wucht** (**Inhalt** des Quadrates)
auf den vierfachen und neunfachen Betrag an!

Hierfür müssen Flugzeugführer ein besonders feines
Gefühl haben, um Bruchlandungen zu verhüten. Der
Landungsstoß hängt von der Geschwindigkeit in viel
höherem Grade ab als vom Gewicht.

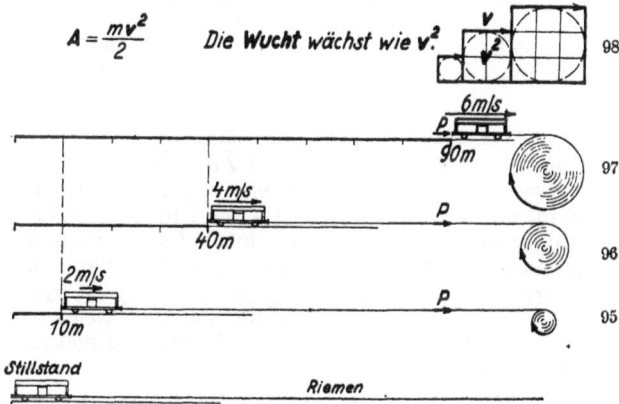

$$A = \frac{mv^2}{2}$$ Die **Wucht** wächst wie v^2

Bild: 94

Die Wucht wächst nicht wie v, sondern wie v^2.
Also läßt sich die Formänderungsarbeit eines
Schmiedehammers am wirksamsten steigern, indem
man nicht das Gewicht, sondern die **Geschwindigkeit** des Hammers vergrößert.

Hat ein Kraftwagen seine Geschwindigkeit verdoppelt, so wird beim Zusammenprall nicht doppelt,
sondern viermal soviel Zerstörungsarbeit wie sonst
verrichtet.

5. Parabolisches Wachstum.

A. Bild 99. In den Wegmarken für 10, 40 und
90 m wurden die zugehörigen Geschwindigkeiten

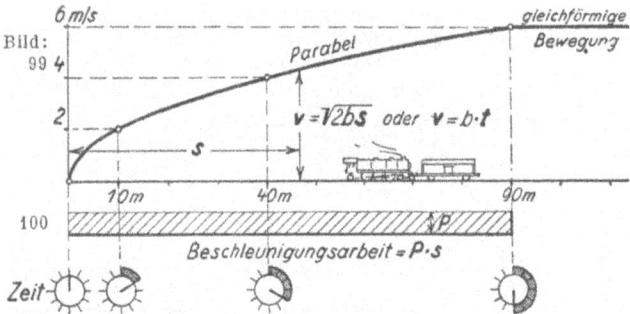

als Lote maßstäblich aufgetragen. Berechnet
man außerdem noch aus $v = \sqrt{2\,bs}$ die Geschwindigkeit, z. B. nach einem Wege von 5, 20, 30 und
60 m, um diese Ergebnisse ebenfalls in das Schau-
bild einzutragen, so läßt sich durch die Endpunkte
der Lote eine Kurve zeichnen. Sie ist eine **Parabel.**

Miß aus dieser Darstellung ab, wie groß die Geschwindigkeit nach 50 m Weg ist, und nach welchem
Wege die Geschwindigkeit 3 m/s beträgt. (Ergebnis
4,5 m/s und 23 m.)

B. Die Geschwindigkeit wächst nicht im
gleichen Maß wie der Weg, sondern nur im gleichen

Maß wie die Zeit (wie der Sekundenzeiger fortschreitet). Mit dem Wege schwillt die Geschwindigkeit **parabolisch** an.

Dagegen wächst die Federkraft (Bild 18) mit dem
Hub geradlinig oder **linear** an, ebenfalls die Umfangsgeschwindigkeit mit dem Halbmesser (Bild 4).

Bild 99. Nach 90 m bremsen wir die Lokomotive. Der Wagen fährt allein weiter, aber nicht
mehr beschleunigt, sondern **gleichförmig.** Im
gleichen Augenblick hört die Parabel auf. Eine
Waagrechte schließt sich an.

Die Lokomotive drückt von Anfang an gleich
stark. Also läßt sich die Beschleunigungsarbeit
wie in Bild 100 veranschaulichen durch ein **Rechteck** mit der Höhe P und Grundlinie s.

6. Weitere Beispiele.

Beisp. 53. Ein Fahrstuhl wiegt mit Insassen
1100 kg und steht noch still. Nach einem Weg von
2 m soll er eine Geschwindigkeit von 2 m/s be-
sitzen. Berechne die Kraft im Seil während des
Anfahrens.

Aus $s = \dfrac{v^2}{2\,b}$ folgt $b = \dfrac{v^2}{2\,s} = \dfrac{2^2}{2 \cdot 2} = 1$ m/s².

$$P = m \cdot b = \frac{1100}{9,8} \cdot 1 = 112 \text{ kg}$$

Kraft im Seil = 1100 + 112 = 1212 kg.

Beisp. 54. Welche Wucht besitzt der Fahrstuhl?

$A = P \cdot s = 112 \cdot 2 = 224$ kgm. Dies folgt auch aus

$$A = \frac{m\,v^2}{2} = \frac{1100 \cdot 2^2}{9,8 \cdot 2} = 224 \text{ kgm.}$$

Beisp. 55. Ein 800 kg schwerer Kraftwagen hat
eine Geschwindigkeit von 40 km/h. Er wird plötzlich gebremst und steht nach einem Weg von 7 m
still. Wir nehmen an, daß die Verzögerung **gleichförmig** ist. Wieviel Wärme entsteht durch das
Bremsen? Wie groß ist die Verzögerungskraft P?

$$40 \text{ km/h} = \frac{40 \cdot 1000}{3600} = 11,1 \text{ m/s}$$

$$\text{Arbeitsinhalt} = \frac{m \, v^2}{2} = \frac{800 \cdot 11,1^2}{9,8 \cdot 2} = 5010 \text{ kgm}$$

$$\text{Wärmemenge} = \frac{5010}{427} = 11,7 \text{ kcal}$$

$$P \cdot 7 \text{ m} = 5010 \text{ kgm}; \quad P = \frac{5010 \text{ kgm}}{7 \text{ m}} = 716 \text{ kg}.$$

Die Verzögerung ergibt sich aus

$$s = \frac{v^2}{2 \, b} \text{ zu } b = \frac{v^2}{2 \, s} = \frac{11,1^2}{2 \cdot 7} = 8,8 \text{ m/s}^2.$$

Sie ist also fast so groß wie beim Wurf aufwärts.
Die Verzögerungskraft folgt auch aus

$$P = m \cdot b = \frac{800}{9,8} \cdot 8,8 = 716 \text{ kg}.$$

P ist nur wenig geringer als G, da b fast gleich g.

Beisp. 56. Könnte man ein Geschoß mit einer
Geschwindigkeit von 11180 m/s lotrecht abfeuern,
so würde es den Anziehungsbereich der Erde ver-
lassen und nicht wieder zurückkehren (falls
keine Hemmung durch die Luft vorhanden wäre).
Wieviel Arbeit müßte der Sprengstoff auf ein
1 kg schweres Geschoß übertragen, um es ins
Weltall zu befördern?

$$A = \frac{m \, v^2}{2} = \frac{1 \cdot 11180^2}{9,8 \cdot 2} = 6\,380\,000 \text{ kgm} = 23,6 \text{ PSh}.$$

Beisp. 57. Ein Geschoß wiegt 3,4 kg. Der Arbeitsinhalt des Sprengstoffes beträgt 220 tm. Mit
welcher Geschwindigkeit fliegt das Geschoß fort?

Eine Schnellzuglokomotive wiegt 100 t. Diese um
2,2 m zu heben, erfordert 220 tm. So groß ist auch der
Arbeitsinhalt des Sprengstoffes.

Aus $\dfrac{m \, v^2}{2} = A$ folgt $v^2 = \dfrac{2 \, A}{m}$ oder

$$v = \sqrt{\frac{2 \, A}{m}} = \sqrt{\frac{2 \cdot 220\,000}{\frac{3,4}{9,8}}} = 1125 \text{ m/s}.$$

Wirft man einen Stein zunächst langsam hoch, dann mit der 2- und 3fachen Geschwindigkeit, so steigt er 2- und 3mal so **lange,** aber 4- und 9mal so **hoch.** Er besitzt den 4- und 9fachen Arbeitsinhalt, verglichen mit dem ersten Wurf.

7. Lotrechter und schräger Fall.

In Bild 101 fällt die Kugel lotrecht. Dort verrichtet die Schwerkraft die Beschleunigungsarbeit $G \cdot h$.

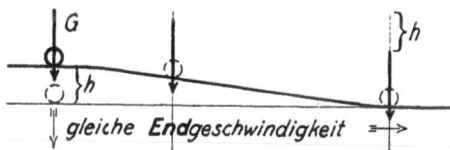

Bild: 101   102

Rollt die Kugel schräg hinab (Bild 102), so schreitet die Schwerkraft fort ↓ innerhalb ihrer nach → wandernden Wirkungslinie, und zwar um eine Strecke, die wieder gleich h ist.

Also verrichtet die Schwerkraft die gleiche Arbeit wie vorher.

Folglich erlangt die Kugel in beiden Fällen die gleiche Wucht und somit auch die gleiche ↓ → Endgeschwindigkeit.

Der schräge Fall dauert aber viel länger als der lotrechte, da nicht nur die schräge Bahn länger, sondern auch die dortige Beschleunigung kleiner ist als beim freien ↓ Fall.

Verschieden schwere Kugeln kommen auf der schrägen Bahn gleichzeitig unten an (entsprechend Bild 87 und 88).

Bild 57. Die Turbine könnte weggeschleudert→ werden. Das Wasser würde herausschießen → mit einer Geschwindigkeit, die ebenso groß wäre wie die eines Steines nach einem 195 m tiefen ↓ Fall. Also

$$v = \sqrt{2\,g\,h} = \sqrt{2 \cdot 9{,}8 \cdot 195} = 61{,}8 \text{ m/s.}$$

8. Masse und Gewicht.

A. Bekanntlich ist die Erdkugel an den Polen abgeplattet. Fährt ein Schiff vom Äquator nach einem
Pol, so nähert es sich dem Mittelpunkt der Erde.
Folglich werden Schiff und Wasser stärker angezogen,
also schwerer, und zwar gleichmäßig. Darum taucht
das Schiff überall gleich tief ein.

In verschiedenen Entfernungen vom Erdmittel-
punkt hat ein und derselbe Körper ein verschiedenes
Gewicht G. Ebenso stark schwankt auch seine
Fallbeschleunigung g. (Am Äquator: $g = 9,78\,\mathrm{m/s^2}$;
an den Polen: $g = 9,83\,\mathrm{m/s^2}$.) Also ist das **Verhältnis** $\dfrac{G}{g}$ **überall gleich** wie der Tiefgang eines
Schiffes, das vom Nordpol nach dem Südpol fährt.

B. Schafft man Getreide vom Tal auf einen
hohen Berg, so nimmt das **Gewicht** ab. Aber die
Anzahl der Körner, also die **Menge** des Getreides
ändert sich nicht, ebenfalls nicht $\dfrac{G}{g}$. Diesen Bruch
nennt man deshalb die Menge oder **Masse** eines
Körpers, abgekürzt m (von massa (lat.) = Menge).

Hat man auf der Hebelwaage eine Ware ab-
gewogen, so herrscht »Gleichgewicht«. Es bleibt
erhalten, wenn man die Waage nach dem höchsten
oder tiefsten Ort bringt. Denn die Gewichte der
auf beiden Schalen liegenden Körper nehmen
gleichmäßig zu oder ab.

C. Auf einer **Hebel**waage wiegt man also die
Ware gar nicht nach ihrem Gewicht, sondern nach
ihrer **Menge**. Dem Käufer kommt es nur auf die
Menge der Ware an. Ihr Gewicht oder ihre Schwere
ist ihm meistens ganz gleichgültig.

Früher handelte man Getreide nach Scheffeln.
Das war ein **Mengenmaß** (wie das Litermaß, nur
größer). Jetzt bevorzugt man die Hebelwaage nur
deshalb, weil sich darauf Mengen unparteiischer
und genauer messen lassen als mit einem Gefäß.

D. Das **Gewicht** oder die **Schwere** eines Körpers zeigt die **Feder**waage an. Sie ist eigentlich gar
keine Waage, sondern ein **Kraft**messer.

Befördern wir einen an einer Federwaage hän-
genden Stein auf den höchsten Berg oder in den
tiefsten Schacht, so dehnt die Schwerkraft des
Steines die Feder verschieden stark. Dieser Unterschied ist so gering, daß man ihn in der Technik
nicht zu berücksichtigen braucht.

Zieht die Erde einen Meteorstein immer stärker an,
so wächst sein Gewicht in dem gleichen Maße wie
gleichzeitig seine Beschleunigung. Aber die Masse,
also das Verhältnis $G : g$, ändert sich nicht. Der Meteorit
bewegt sich **ungleichmäßig** beschleunigt.

E. Einen Wagen immer stärker zu beschleunigen, erfordert eine im gleichen Maße stärker
werdende Kraft.

Dann muß P wie b anwachsen. Aber $P : b$
ändert sich nicht. Für ein und denselben Körper
hat $P : b$ den gleichen Wert wie $G : g$, also wie die
Masse.

III. Energieumformung.

1. Formen der Energie.

A. Ein Geschoß vermag einen dicken Baum-
stamm zu durchbohren. Dies **Arbeitsvermögen**
wird **Energie** genannt (energeia (griech.) = Arbeitsfähigkeit).

Das fliegende Geschoß ist voll **Bewegungs**-
energie. Eine zusammengedrückte Feder enthält
Spannungsenergie. Das Wasser eines Gebirgssees ist
arbeitsfähig infolge der hohen Lage. Es besitzt
Energie der **Lage.** Sehr viel benutzt man **Wärme**-
energie.

**Arbeit, die irgendwie aufgespeichert ist,
heißt Energie.** Die Maßeinheit der Energie
lautet **kgm** wie die der Arbeit.

B. Ein Staubkorn schwebt in warmer, ruhender Luft. Es scheint stillzustehen. Beobachtet man es genauer, so entdeckt man, daß das Staubkorn heftig zittert. Es wird von den benachbarten Luftteilchen hin und her geschleudert. Diese sowie alle übrigen **schwingen** völlig regellos durcheinander, obwohl die Luft des Zimmers als Ganzes betrachtet in Ruhe ist.

Ein Stahlblock im Glühofen steht im großen und ganzen still, im einzelnen aber nicht. Die zahllosen kleinsten Teilchen prallen fortgesetzt heftig gegeneinander. **Wärmeenergie** ist also **Bewegungsenergie** im Verborgenen.

Sinkt die Temperatur, entweicht also Energie, so schwingen die kleinsten Teilchen immer langsamer. Sie stehen erst bei — 273⁰ still. Weiter kann man keinen Körper abkühlen, denn alle Wärme hat er bereits abgegeben.

2. Energie bleibt Energie.

a) Reibung ausgeschaltet.

I. → **Fahrt aufwärts.** Den Eisenbahnwagen in Bild 103 denken wir uns zunächst so vortrefflich gebaut, daß ihn keinerlei Reibung hemmt. Er wiegt 1960 kg und besitzt im Tal eine Wucht, Bewegungsenergie oder ein Arbeitsvermögen von

$$A = \frac{m\,v^2}{2} = \frac{G \cdot v^2}{g \cdot 2} = \frac{1960 \cdot 12^2}{9,8 \cdot 2} = 14400 \text{ kgm.}$$

Der Wagen soll aus eigener Kraft auf den rechten Berg gelangen und, sobald er oben ist, stillstehen. Dann verwandelt sich die Bewegungsenergie in Energie der Lage (besser Energie der Höhenlage).

Wie groß darf der Höhenunterschied H höchstens sein?

Den Wagen um diese Strecke zu heben, erfordert eine Arbeit $G \cdot H$. Ebenso groß ist schließlich seine vom Talgrund aus gemessene Energie der Lage.

Energie der Lage = Bewegungsenergie

$$G \cdot H = \frac{m\,v^2}{2}$$

$$1960 \cdot H = 14\,400$$

$$H = \frac{14\,400 \text{ kgm}}{1960 \text{ kg}} = 7,35 \text{ m.}$$

Während sich der Wagen von selbst hebt, geht seine Energie nicht verloren. Sie **wechselt** nur ihre **Form.**

II. ← abwärts. Die Energie des oben zur Ruhe gekommenen Wagens »erwacht«, während er wieder herabfährt. Dann erlangt er seine ursprüngliche Bewegungsenergie zurück und folglich auch Geschwindigkeit (12 m/s). Diese hängt wie die Hubarbeit nur ab vom **lotrechten Höhenunterschied,** aber nicht davon, wie stark die Bahn geneigt ist, ob sie geradlinig verläuft oder gekrümmt ist.

III. ← aufwärts. Steigt der Wagen nun den etwas niedrigeren, linken Berg hinauf, so bleibt er oben nicht stehen, sondern fährt auf den waagrechten Schienen mit gleichförmiger Geschwindigkeit immer weiter, wenn wir uns den Prellbock zunächst wegdenken.

geneigt

h=7,1m   v=12m/s

Bild: 103

Die im Tale vorhandene **Bewegungs**energie verringert sich um die **Hub**arbeit $G \cdot h$. Diese beträgt $1960 \cdot 7,1 = 13\,920$ kgm. Also trifft der Wagen links oben ein mit einer Bewegungsenergie von $14\,400 - 13\,920 = 480$ kgm.

IV. ← gegen Prellbock. Berechne die Geschwindigkeit, mit der der Wagen gegen den Prellbock rennt.

Aus $\dfrac{m\,v^2}{2} = 480$ folgt

$$v^2 = \frac{2 \cdot 480}{m} = \frac{2 \cdot 480}{\frac{1960}{9,8}} = 4{,}8 \text{ m}^2/\text{s}^2.$$

Also

$$v = \sqrt{4{,}8 \text{ m}^2/\text{s}^2} = 2{,}19 \text{ m/s}.$$

Nicht nur die Federn des Prellbocks werden zusammengedrückt, sondern auch die des Wagens. Die **Bewegungs**energie erzeugt **Spannungs**energie und erschöpft sich dabei.

V. → zurück. Sobald der Wagen stillsteht, prellt er zurück. Dann erzeugt Spannungsenergie Bewegungsenergie. Die Puffer drücken dem trägen Wagen die gleiche Geschwindigkeit und Wucht auf, die sie vorher abfingen.

VI. → abwärts. Rollt der Wagen hinab, so wächst die Bewegungsenergie auf Kosten der Energie der Lage. Indem sich diese erschöpft, entsteht jene neu. Die **Abnahme** hebt die **Zunahme** auf. **Alle Energie bleibt erhalten.** Im Tal beträgt die Geschwindigkeit wieder 12 m/s.

VII. ← ohne Umweg. Fährt der Wagen auf der gestrichelt gezeichneten Bahn nach ← herab, so ist seine Bewegungsenergie und Geschwindigkeit schließlich ebenso groß wie die, mit der der Wagen nach dem Umwege durch das Tal gegen den Prellbock rennt. Die Puffer werden also ebensoweit zusammengedrückt wie vorher.

b) Einfluß der Reibung.

I. Fährt der Wagen nun wieder den linken Hang hinab, so erlangt er in Wirklichkeit weniger Wucht, als er ursprünglich besaß, denn die unvermeidliche **Reibung frißt Energie.** Der Rest genügt nicht mehr, den Wagen auf den rechten Berg zu heben. Er muß vorzeitig umkehren. Auch auf den linken Hang gelangt er nicht mehr ganz.

Einige Male pendelt der Wagen noch hin und her. Dann steht er still. Die gesamte **Bewegungsenergie** verwandelte sich nach und nach in ebensoviel **Wärmeenergie**, denn Reibung erzeugt Wärme. Es entstanden $14400 : 427 = 34$ kcal.

Soviel Wärme entwickelt ein etwa haselnußgroßes Stückchen Steinkohle. Mindestens diese Menge verbrauchte die Lokomotive, als sie dem Wagen eine Beschleunigungsarbeit von 14400 kgm (ein Geschwindigkeit von 12 m/s) aufdrückte. Da der Gesamtwirkungsgrad der Maschine nur etwa $^1/_{10}$ beträgt, war in Wirklichkeit die 10fache Kohlenmenge nötig.

II. Die Wucht des Wagens wurde aufgezehrt durch die Reibung in den Lagern, zwischen den Spurkränzen und Schienen und zwischen den Schichten der Tragfedern. Diese verschoben sich aufeinander wie die Blätter eines biegsamen Buches. Auch in den Pufferfedern entstand Reibungswärme. Ferner wirbelte die Luft durcheinander und erwärmte sich.

Da man Energie nicht ohne Bewegung umformen und Bewegung nicht ohne Reibung erzeugen kann, **entsteht stets Reibung, wenn die Energie ihre Form wechselt.** Darum breitet sich allmählich alle Energie als Reibungswärme aus.

Aber verloren geht sie nicht. Leider läßt sich die zerstreute Wärme nicht sammeln und damit die Lokomotive von neuem treiben, ohne hierzu von neuem Arbeit aufwenden zu müssen. Näheres S. 99.

III. Bild 104. Der Deutlichkeit halber wurde die Bahn zu steil gezeichnet, ferner zu lang gezeichnet (im Bild links) der gemeinsame Hub der Federn in den Puffern des Prellbocks und Wagens.

Als der Wagen noch auf dem rechten Berg stillstand, besaß er eine bestimmte, vom Talgrund aus gemessene Energie der Lage. Sie hängt ab vom Abstand der dick gezeichneten waagrechten Parallelen.

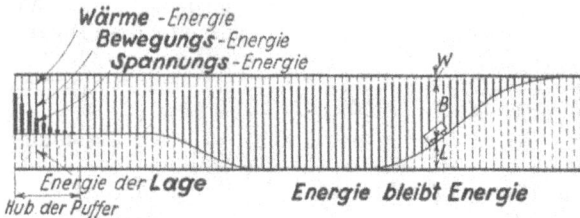

Bild: 104

Die Energie nimmt **andere Formen** an, sobald der Wagen herabfährt ←. Dann entsteht Wärme- und Bewegungsenergie. Diese Beträge entsprechen den Strecken W und B, sobald der Wagen die gezeichnete Stellung erlangt hat. Der Rest L ist Energie der Lage. Im Talgrund hat die Bewegungsenergie den größten Wert erlangt. Dort verwandelt sich ein Teil weiter in Wärmeenergie. Darum wächst die Maßstrecke W auch im Bereich des Talgrundes an.

Ist der Wagen schließlich wieder bergauf ← gefahren und gegen den Prellbock gerannt, aber noch nicht ganz zum Stillstand gekommen, so ist die Energie zerfallen in Wärme-, Bewegungs-, Spannungsenergie und Energie der Lage. Bild 19. Mit dem Federhub wächst die Kraft keilförmig oder geradlinig an. **Doppelter Hub** erfordert **doppelte Endkraft, aber vierfache Arbeit.** Die aufgespeicherte Arbeit wächst also viel rascher als der Hub. Das bestätigt Bild 104 links. Die, dick gezeichneten, Spannungsenergie darstellenden Lote wachsen nicht geradlinig (keilförmig) an, sondern parabolisch.

c) Wasserkraft.

I. Ein Wasserfall verbindet zwei Gebirgsseen. Ihr Höhenunterschied beträgt 61 m. Die Energie der **Lage** verwandelt sich in Bewegungsenergie und diese in **Wärme**energie, sobald das Wasser unten durcheinander wirbelt und schließlich zur Ruhe kommt. 427 kgm = 1 kcal.

Fällt 1 kg Wasser herab, so verrichtet die Schwerkraft eine Arbeit von 1 kg · 61 m = 61 kgm. Diese Arbeit ist $^1/_7$ von 427 kgm und kann deshalb 1 kg Wasser um $^1/_7{}^0$ erwärmen.

Die Temperatursteigerung ist also verschwindend klein, die aufgenommene Wärmemenge aber bedeutend, denn Wasser speichert viel Wärme auf, ohne dabei viel wärmer zu werden.

Von allen Flüssigkeiten schluckt Wasser am meisten Wärme, gleiches Gewicht und gleiche Temperatursteigerung vorausgesetzt.

Stürzen 1000 kg Wasser (= 1 m³) 60 m tief herab, so entsteht soviel Wärme, daß diese, auf etwa 1 kg Eisen gehäuft, das Metall schmelzen würde.

II. Strömt aber das Wasser durch ein Rohr. mit angeschlossener Turbine, die einen Elektrizitätserzeuger treibt, langsam herab, so schäumt es nicht. Also erwärmt sich das Wasser auch nicht.

Dafür entsteht elektrische Energie. Sie läßt sich restlos in Wärme verwandeln, z. B. im Schmelzofen. Dort gewinnen wir wohl eine hohe Temperatur. Aber die Menge der Wärme (... kcal) ist nicht größer als die, die im ungebändigten Wasserfall unmittelbar entstanden wäre.

Ein Stück Blei, das aus 7000 m Höhe herabfiel, würde beim Aufprall auf einen Felsen schmelzen, wenn kein Luftwiderstand vorhanden wäre.

d) Goldenes Gesetz.

I. Im Mittelalter sehnte man sich leidenschaftlich danach, eine Maschine (vom lat. machina) zu erfinden, die einmal in Gang gesetzt, nicht nur beständig laufen, sondern außerdem noch Mühlen u. dgl. treiben könnte. Dies Wunderding nannte man ein **perpetuum mobile**[1]). Es sollte mehr Energie liefern, als es empfing.

Das griech. mechane, lat. machina und franz. machine sind verwandte Wörter. Sie bedeuten soviel wie Werkzeug oder Triebwerk. Ein perpetuum mobile

---

[1]) perpetuum (lat.) = beständig (lies »perpetu-um«), mobile (lat.) = Bewegliches (betone das o).

war eine machina, mit der man die Natur zu überlisten hoffte. (Machination bedeutet teuflisches, hinterlistiges Treiben.)

Heute lehnen es alle Patentämter mit Recht ab, die »Erfindung« eines perpetuum mobile zu prüfen. Dennoch opfern diesem Wahne immer wieder tüchtige Handwerker ihre ganze Kraft, leider vergeblich.

II. Sie übersehen, daß man Energie nur gegen ebensoviel Energie in anderer Form eintauschen kann. Energie entsteht, indem ebensoviel andere Energie vergeht. **Energie bleibt Energie.** N u r i h r e F o r m i s t w a n d e l b a r. Alle Vorrichtungen, die die von der Natur bereitgestellte E n e r g i e i r g e n d w i e u m f o r m e n sollen, nennt man **Maschinen.**

Die zugeführte Energie bleibt allerdings nie ganz beisammen. Ein Teil gerät auf Abwege, wie z. B. die Auspuff-, Kühlwasser- und Reibungswärme eines Ölmotors. Diese z e r s t r e u t e E n e r g i e geht aber nicht spurlos verloren. Sie wird nur für uns e n t w e r t e t.

Ständig wechselt die Energie ihre Form mittels der verschiedenartigsten Maschinen. In diesem großen Schauspiel bleibt die Energie ihrer Menge nach erhalten. Wir können sie weder vermehren noch vermindern, sondern nur umformen. D i e s e h e r n e, w u n d e r b a r e i n f a c h e G e s e t z beherrscht die ganze Technik.

Weil es das **oberste,** umfassendste Gesetz ist, nennt man es auch die „**Goldene Regel der Mechanik".**

3. Eigenart der Wärmeenergie.

a) Natürliches und künstliches Gefälle.

Eine W a s s e r k r a f t m a s c h i n e nutzt das n a t ü r l i c h e Gefälle eines Flusses aus. Dabei wird Arbeit gewonnen. Umgekehrt müssen wir Arbeit a u f w e n d e n, um ein k ü n s t l i c h e s Gefälle zu erzeugen, indem wir Wasser in ein hoch gelegenes Becken pumpen. —

In dem Augenblick, in dem das Treiböl im Motor verbrennt, entstehen etwa 1400⁰. Im Auspuffgas sind aber nur noch etwa 400⁰ vorhanden. Eine Wärmekraftmaschine nutzt also ein **Temperaturgefälle** aus.

Wollen wir umgekehrt ein künstliches Temperaturgefälle erzeugen (indem wir z. B. ein Loch bohren), so kostet dies Arbeit, und zwar genau soviel, wie wir aus dem Temperaturgefälle zurückgewinnen könnten.

Wir erreichen damit ebensowenig, als wenn wir Wasser hochpumpen und gegen ein Schaufelrad zurücklaufen lassen. Es verrichtet im günstigsten Fall ebensoviel Arbeit, wie die Pumpe verbraucht. Ein Überschuß entsteht nicht.

Wert hat für uns nur ein natürliches, also kostenloses Temperaturgefälle, wie z. B. in der heißen Zone der Erdkugel zwischen dem Wasser an der von der Sonne bestrahlten Oberfläche und auf dem kühlen Grunde des Meeres.

b) Wärmeausstrahlung.

Wenn ein Körper im Freien verbrennt, entweicht die Wärme in die Luft. Dort breitet sie sich so weit aus, bis jegliches Temperaturgefälle ausgeglichen ist. Aber dabei wird **Arbeit nicht verrichtet.**

Dies Verschwinden eines Temperaturgefälles ohne Arbeitsleistung ist ein wesentlich anderer Vorgang, als wenn ein Wagen bergab fährt. Dann nimmt das Gefälle des Wagens und damit seine Energie der Lage ab. Aber sogleich entsteht eine **neue Form** der Energie, nämlich Bewegungsenergie. Da die **Energie ihre Form wechselt, ist der Vorgang umkehrbar,** d. h. der Wagen kann aus eigener Kraft wieder bergauf fahren.

Ganz anders verhält sich die Wärme. Während sie in die Umgebung entweicht, ändert sich die Form der Energie nicht. Wärme bleibt Wärme. Die **Ausstrahlung** der Wärme ist daher ein Vorgang,

7*

der **nicht umkehrbar** ist, d. h. die zerstreute Wärme
häuft sich nicht von selbst wieder an. Sie kehrt
nicht aus eigenem Trieb in ihren vorherigen Zustand zurück. Dies zu erzwingen, also die Temperatur des Wärmeträgers zu steigern, erfordert
Arbeit.

c) Arbeit aus Wärme.

Treibt ein Motor ein Boot, so finden wir die
Verbrennungswärme r e s t l o s wieder in den Aus-
puffgasen, im Kühlwasser, in dem durch Reibung
erwärmten Metall und im F a h r w a s s e r (Bild 68).
Sie zerstreut sich weit und breit und bleibt als
Wärme geringerer Temperatur bestehen.

Solche Wärme ist aber für uns **wertlos,** denn
wir können damit nicht von neuem eine Maschine
treiben, da das nötige n a t ü r l i c h e Temperaturgefälle fehlt. Auch das ins Meer strömende Wasser
verliert mit dem Gefälle seine Arbeitsfähigkeit.
Dabei bleibt das Wasser als Wasser bestehen. Aber
es läuft sich tot.

Da die im Bootsmotor erzeugte Verbrennungswärme der Menge nach restlos erhalten blieb, verrichtete sie l e t z t e n E n d e s überhaupt keine
Arbeit. Allerdings breitete sich ein Teil der Treib-
ölwärme n i c h t u n m i t t e l b a r aus, sondern v e r -
r i c h t e t e z u n ä c h s t A r b e i t, indem er das
Boot vorwärts trieb. Dies ist der eigentliche
Zweck des Motors. Aber die Nutzarbeit erwärmte
sogleich das Fahrwasser, als hätte es diesen Teil der
Verbrennungswärme unmittelbar durch Ausstrahlung empfangen.

Pumpt ein Ölmotor Wasser in einen hohen Behälter, so verwandelt sich die Verbrennungswärme
nicht restlos in Wärme geringerer Temperatur,
sondern zum Teil in **wertbeständige Arbeit,** nämlich
in Energie der Lage.

Wasser läßt sich bequem aufspeichern, aber nicht
Wärme. Ist der Kessel auch gut umhüllt, so entweicht
doch Wärme unaufhaltsam.

d) Ausblick.

Alle Maschinen erfüllen die gleiche Aufgabe, nämlich die eingeleitete Energie irgendwie umzuformen. Das ist ohne **Bewegung** nicht möglich. Maschinen müssen **laufen**. Also entsteht stets **Reibungswärme**. Diese breitet sich aus und sinkt **unaufhaltbar** auf die Stufe der **arbeitsunfähigen, wertlosen Wärme** herab.

Das ist der letzte Zustand, dem **alle** Energie zustrebt. Nach unvorstellbar langer Zeit tritt der sogenannte **Wärmetod** ein, d. h. Arbeit kann aus Wärme nicht mehr gewonnen werden, da sich jegliches **natürliche** Temperaturgefälle ausgeglichen hat.

Wärme beruht auf **völlig regellosen** Schwingungen der kleinsten Teilchen. Diese ungebundene Freiheit strebt alle Energie im Laufe der Umformung an.

4. Weitere Beispiele.

A. I. Bild 106. Den Rammbären von *I* nach *II* zu heben, erfordert eine Arbeit von 3000 kg · 5,4 m = 16 200 kgm. Schwebt der Bär ganz oben, so beträgt seine vom Pfahl aus gemessene Energie der Lage 16 200 kgm.

Sobald wir den Bären loslassen, zieht ihn die 3000 kg starke Schwerkraft herab und verrichtet Beschleunigungsarbeit. Dann **wächst** die **Bewegungsenergie** in dem gleichen Maße wie die Energie der **Lage abnimmt.** Das veranschaulicht Bild 105.

II. Die beiden Pfeile zeigen auf **die** Strecken, die die **Bewegungsenergie** und Energie der **Lage** darstellen, sobald der Bär in *III* steht.

Punkt 1 denken wir uns so auf der Diagonale wandernd, daß er stets mit dem Bären in gleicher Höhe bleibt. Dann nimmt die Energie der Lage ab wie die **gestrichelten** Lote, während die Bewegungsenergie wächst wie die **ausgezogenen** Lote.

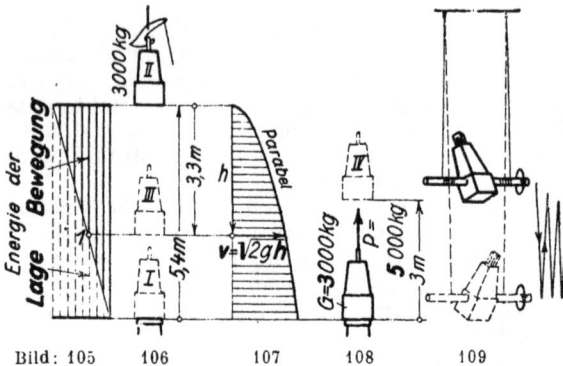

Bild: 105   106   107   108   109

In der Stellung *III* beträgt die Bewegungsenergie 3000 kg · 3,3 m = 9900 kgm und die Energie
der Lage 3000 kg (5,4 m — 3,3 m) = 6300 kgm, insgesamt wieder 16 200 kgm.

III. Die Endgeschwindigkeit folgt aus $v = \sqrt{2gh}$
$= \sqrt{2 \cdot 9{,}8 \cdot 5{,}4} = 10{,}3$ m/s. Hiermit ergibt sich die
Wucht im Augenblick des Schlages zu

$$A = \frac{m\,v^2}{2} = \frac{3000 \cdot 10{,}3^2}{9{,}8 \cdot 2} = 16\,200 \text{ kgm.}$$

Das gleiche Ergebnis erhält man viel einfacher
aus 3000 kg · 5,4 m = 16 200 kgm.

IV. In Bild 107 ist die jeweilige Fallgeschwindig-
keit *v* durch waagrechte Strecken dargestellt. Sie
wächst mit dem **Wege parabolisch** an, also nicht
keilförmig.

B. I. In Bild 108 soll der Bär durch eine Kraft
gehoben werden, die auf einem Wege von 3 m
gleichbleibend 5000 kg beträgt. Der Kraft-
überschuß $P—G = 2000$ kg **beschleunigt** den Bären
gleichförmig.

Hat *P* den Bären nach *IV* gerissen, so beträgt
seine Energie 5000 · 3 = 15 000 kgm. Sie zerfällt
in eine Energie der Lage von 3000 · 3 = 9000 **kgm**

und eine Bewegungsenergie von $(P — G)\cdot 3$
$= 2000\cdot 3 = 6000$ kgm.

II. Aus eigener Kraft kann der Bär noch
über die Stellung IV hinaus um 2 m steigen, denn
$3000\cdot 2 = 6000$ kgm. Zeichne diese Endstellung ein.

Mit $P = 3000$ kg läßt sich der ebenso schwere
Bär nicht heben. Erst ein geringer Überschuß an
Hubkraft kann ihn in Bewegung setzen, also beschleunigen. Zum weiteren Heben mit gleichförmiger Geschwindigkeit genügt eine Kraft, die gleich
dem Gewicht ist.

C. Bild 109. Die Mittelachse der Welle geht
durch den Schwerpunkt des Bären. Lassen wir ihn
in der obersten Stellung los, so rollt er hinab.
Schließlich steigt er an den Seilen wieder hoch.
Er rollt mehrfach ↑ und ↓, da sich seine Energie
nur allmählich zerstreut.

Rammt der Bär aber den Pfahl ein, so gibt er
alle Energie plötzlich ab und springt nicht wieder
zurück.

IV. Umlaufende Masse.

1. Schwungrad.

a) Nicht vollwandig.

I. Der Kranz eines Schwungrades hat einen
mittleren Durchmesser von 0,8 m und macht
450 U/min. Die **mittlere** Geschwindigkeit der Eisen-
körnchen beträgt

$$v = \frac{d\,\pi\cdot n}{60} = \frac{0,8\cdot\pi\cdot 450}{60} = 18,9 \text{ m/s.}$$

Die Bewegungsenergie des 280 kg schweren
Kranzes ist gleich der eines ebenso schweren Wagens, der geradlinig 18,9 m/s zurücklegt. Also

$$A = \frac{m\,v^2}{2} = \frac{280\cdot 18,9^2}{9,8\cdot 2} = 5060 \text{ kgm.}$$

Während des Ausdehnungshubes wird das
Schwungrad **beschleunigt,** während des Verdich-

tungshubes **verzögert.** Durchschnittlich hat der Kranz 5060 kgm aufgespeichert.

Läuft der Motor zu ungleichförmig, so flimmert und zuckt das von ihm erzeugte elektrische Licht. Die Lebensdauer der Glühlampen wird sehr verkürzt.

Je größer der Arbeitsinhalt des Schwungrades ist, desto weniger schwankt die Umlaufzahl und damit der elektrische Strom.

II. Das Schwungrad kann auch einer Blechschere angehören. Dann läuft es langsamer, sobald das Messer schneidet. Der Zeiger des Umlaufzählers geht von 450 bis 443 U/min zurück. Wieviel Arbeit erforderte das Scheren?

Anfangs hatte das Rad 5060 kgm aufgespeichert (unter I bezeichnet). Nach dem Schneiden ist

$$v = \frac{0,8 \cdot \pi \cdot 443}{60} = 18,5 \text{ m/s und}$$

$$A = \frac{mv^2}{2} = \frac{280 \cdot 18,5^2}{9,8 \cdot 2} = 4920 \text{ kgm. Also wurden}$$

5060 — 4920 = 140 kgm verbraucht.

b) Vollwandig.

I. Um die Bewegungsenergie des großen Schleifsteines auf S. 41 zu berechnen, denken wir uns ihn, wie Bild 110 zeigt, in Ringe zerlegt. Der mittlere Durchmesser des Ringes *II* beträgt 1,98 m.

Bild: 110

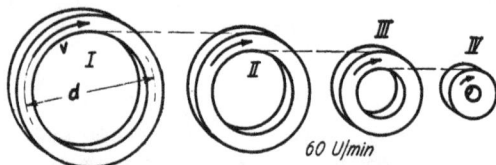

60 U/min

d = 2,66 m	1,98 m	1,30 m	0,62 m
v = 8,35 m/s	6,22 m/s	4,08 m/s	1,95 m/s
G = 1960 kg	1457 kg	958 kg	456 kg
$\frac{m \cdot v^2}{2}$ = **6970 kgm**	**2870 kgm**	**825 kgm**	**89 kgm**

Summe = 10754 kgm.

Also ist die dortige Umfangsgeschwindigkeit

$$v = \frac{d\,\pi\,n}{60} = \frac{1{,}98 \cdot \pi \cdot 60}{60} = 6{,}22 \text{ m/s}.$$

Da dieser Ring 1457 kg wiegt, hat er eine Wucht von

$$A = \frac{m\,v^2}{2} = \frac{1457 \cdot 6{,}22^2}{9{,}8 \cdot 2} = 2870 \text{ kgm}.$$

Verglichen mit Ring *III*, besitzt Ring *I* reichlich den 2fachen mittleren Durchmesser, das 2-fache Gewicht, aber die 8fache Wucht. Insgesamt beträgt die Wucht der 4 Ringe 10754 kgm.

II. Zerlegt man den Stein aber in 8 Ringe mit gleicher Wanddicke, so erhält man eine Gesamtenergie von 10995 kgm. Dies Ergebnis stimmt **genauer** als das andere aus folgendem Grunde:

Bild 112. Die Kugeln haben gleichen Abstand. Ihre verschieden großen Umfangsgeschwindigkeiten sind eingezeichnet. Die Geschwindigkeit v der mittleren Kugel ist gleich dem **Mittelwert** aus den Geschwindigkeiten der beiden anderen Kugeln. Die **Wucht** hängt aber nicht von v ab, sondern von v^2. Auch diese **Quadrate** sind zum Vergleich eingezeichnet.

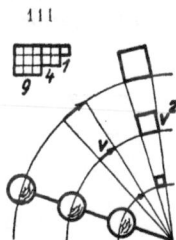

Bild: 112

Die mittlere Kugel hat ein v^2, das **nicht gleich dem Mittelwert** aus den beiden anderen Quadraten ist. Das zeigt Bild 111 deutlicher. Der Inhalt des fraglichen Quadrates beträgt 4 Teile. Aber der Mittelwert aus den beiden anderen Quadraten, also aus 9 und 1, ist $(9 + 1) : 2 = 5$ und nicht $= 4$.

Diese Unstimmigkeit nimmt ab, wenn wir die äußere und innere Kugel der mittleren nähern, oder auf Bild 110 angewandt, wenn wir die Wanddicke möglichst klein wählen, also die Zahl der Ringe möglichst groß. Dann sind die **Quadrate** der

Geschwindigkeiten am äußeren und inneren Umfang nur wenig verschieden.

c) Gedankenversuch.

Bild 113. Wir nehmen an, daß die Wucht der kleinsten Walze soviel beträgt wie die der ebenso dicken Kugel, nachdem sie so tief gefallen ist, wie ihr Durchmesser angibt.

Um hiermit die Wucht der mittleren Walze zu vergleichen, lassen wir die zugehörige Kugel so tief fallen, wie diese dick ist.

Fahren wir so fort, so sehen und fühlen wir, wie gewaltig die Wucht mit dem Durchmesser wächst, daß sie in viel größeren Sprüngen anschnellt wie dieser.

Bild: 113

Durchmesser der Kugeln	1	:	2	:	3
Gewicht G » »	1	:	8	:	27
Fallhöhe h » »	1	:	2	:	3
Wucht $G \cdot h$ » »	1	:	16	:	81
oder	1^4	:	2^4	:	3^4

Die rechte Kugel hat den 3 fachen Durchmesser der linken und gemäß Bild 114 das 27 fache Gewicht und folglich die $27 \cdot 3 = 81$ fache Wucht.

Also speicherte die große Walze mit dem 3 fachen Durchmesser der kleinen 81 mal soviel Arbeit auf wie diese.

Durchm. 1 : 2 : 3
Gewicht 1 : 8 : 27

Bild 114

Das finden wir bestätigt, wenn wir die Walzen in dünnwandige Rohre zerlegen, deren Wucht berechnen und summieren.

2. Mittelpunktbeschleunigung.

a) Wurfbahn.

Bild 115. Die Kugel rollte mit gleichförmiger Geschwindigkeit über die Tischkante. Die Schwerkraft wirkt quer zur ursprünglichen Bahn und ändert die Bewegungsrichtung der Kugel.

Ihr Lauf läßt sich zerlegen in eine **gleichförmige** → **und beschleunigte** ↓ Bewegung. Die Kugel fliegt in 1 s von *I* nach *III*. Dorthin gelangt sie auch, wenn sie sich in 1 s gleichförmig von *I* nach *II* bewegt und in einer weiteren Sekunde beschleunigt von *II* nach *III*.

Mit der Kugel wandert auch die richtungändernde Schwerkraft *G* nach rechts. Ihre Wirkungslinie verschiebt sich parallel.

b) Kreisbahn.

Im nächsten Bild rollt die Kugel auf einem waagrechten Tisch. Jetzt geht die richtungändernde, stets gleich starke Kraft *Z* (eines Fadens) durch ein und denselben Punkt *M*. Darum entsteht statt der **Parabel** ein **Kreis**.

Die Kugel (auf dem Tische) gelangt in 1 s von *I* nach *III*. Dort trifft sie auch ein, wenn sie sich von *I* (sobald der Faden zerreißt) auf einer Tangente in 1 s gleichförmig nach *II* bewegt und

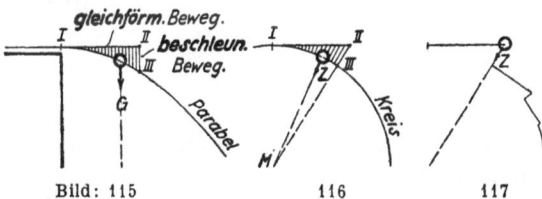

Bild: 115   116   117

in einer weiteren Sekunde beschleunigt von *II* nach *III* infolge der wie in Bild 117 wieder wirksamen Fadenkraft *Z*.

Die Kreisbewegung läßt sich also in einen Zickzackkurs zerlegen. Dann beschleunigt *Z* nur

vorübergehend die Kugel. Verkleinern wir die
Zeiträume, also die Zacken, bis sie schließlich ganz
verschwinden, so zieht Z wieder ununterbrochen.
Dann lenkt die Kraft im Faden die Kugel ständig
ab von der angestrebten, geradlinigen Bahn.

Dann erfolgt die tangentiale, **gleichförmige**
Bewegung **gleichzeitig** mit der radialen, **beschleu-
nigten** Bewegung. So entsteht eine **Kreisbahn.**
Die Kugel „fällt" dauernd nach dem Mittelpunkt M,
ohne ihn zu erreichen.

Der Umweg von I über II nach III wird in 2 s
zurückgelegt. Aber auf dem Kreisbogen gelangt die
Kugel von I nach III schon in 1 s.

c) Zeichnerisch-rechnerische Ermittlung.

Bild 118. Der Kugelmittelpunkt hat eine Umfangsgeschwindigkeit von 1,63 m/s. Zerreißt das
Seil, sobald die Kugel in I steht, so bewegt sie

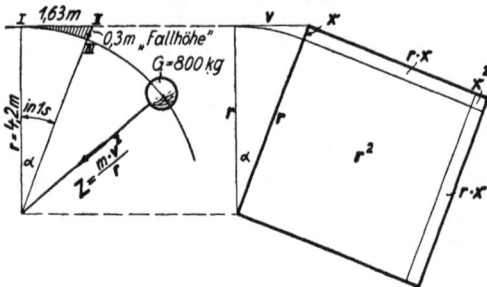

Bild: 118   119

sich tangential weiter, und zwar in 1 s um 1,63 m,
denn $v = 1{,}63$ m/s.

Lassen wir nach 1 s wieder die ursprüngliche
Seilkraft wirken, so zieht sie die Kugel von II
nach III, und zwar in 1 s. Diese „Fallhöhe"
messen wir aus der maßstäblichen Zeichnung ab.
Sie beträgt 0,3 m. Da die Seilkraft auf dieser Strecke
von Anfang an ununterbrochen gleich stark

zieht, entsteht eine gleichmäßig beschleunigte Bewegung.

Aus $s = 0,3$ m und $t = 1$ s läßt sich die nach dem Mittelpunkt gerichtete Beschleunigung berechnen. Da gemäß Gl. (19) $\frac{b t^2}{2} = s$, ist

$$b = \frac{2\,s}{t^2} = \frac{2 \cdot 0,3}{1^2} = 0,6 \text{ m/s}^2.$$

Diese Beschleunigung ahme man nach, indem man einen Tisch so neigt, daß darauf eine Kugel in 1 s 0,3 m zurücklegt.

Wählen wir den Zeitraum kleiner als 1 s, wird also α kleiner, so gleicht sich der Zickzackkurs mehr dem Kreise an. Dann erhalten wir für b einen richtigeren Wert. Er ist nur wenig größer als 0,6 m/s². Prüfe das nach für einen Zeitraum von $\frac{1}{2}$ s.

d) Algebraische Ermittlung.

I. Die Strecke $I—II$ (Bild 118) ist gleich dem Weg in 1 s, also gleich der Umfangsgeschwindigkeit, und ist deshalb im nächsten Bild 119 allgemein mit v bezeichnet. Ferner kürzen wir dort die »Fallhöhe« mit x ab. Das dick umrandete Quadrat über der Hypotenuse besteht aus

$$r^2 + r\,x + r\,x + x^2 = r^2 + 2\,r\,x + x^2.$$

Ferner gilt

Hypotenusenquadrat = Summe der Kathetenquadrate

$$r^2 + 2\,r\,x + x^2 = r^2 + v^2.$$

Auf jeder Seite steht r^2. Diese gleich großen Glieder heben sich auf. Wir können sie also von jeder Seite abziehen. Dann bleibt nach

$$2\,r\,x + x^2 = v^2.$$

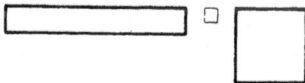

Die Glieder dieser Gleichung stellen Flächen dar. Sie wurden maßstäblich darunter gezeichnet.

Da wir x^2 als verschwindend klein vernachlässigen dürfen, gilt

$$2\,r\,x = v^2 \text{ oder } x = \frac{v^2}{2\,r}.$$

II. Die beschleunigte Bewegung auf dem Wege x dauert **1** s. Hieraus ergibt sich gemäß Gl. (19)

$$x = \frac{b \cdot t^2}{2} = \frac{b \cdot 1^2}{2} = \frac{b}{2}.$$

III. Aus dem Dreieck folgte $x = \frac{v^2}{2\,r}$, aus dem Bewegungsgesetz $x = \frac{b}{2}$. Also ist

$$\frac{b}{2} = \frac{v^2}{2\,r} \text{ oder } \boldsymbol{b} = \frac{v^2}{r}.$$

In unserem Beispiel wird $b = \frac{1{,}63^2}{4{,}2} = 0{,}64$ m/s². Dieser genaue Wert weicht nur wenig ab von dem zeichnerisch-rechnerisch ermittelten.

Die Fläche x^2 wird noch kleiner im Verhältnis zu $2\,r\,x$ und v^2, wenn man α kleiner wählt. Dies entspricht auch eher der wirklichen Bewegung, weil dann der Zickzackkurs besser mit dem Kreis übereinstimmt. Dann ist man noch mehr dazu berechtigt, x^2 zu vernachlässigen.

3. Fliehkraft.

a) Einfache Beispiele.

Da die Kugel 800 kg wiegt, ergibt sich gemäß Gl. (20) $Z = m \cdot b = \frac{800}{9{,}8} \cdot 0{,}64 = 52$ kg. Diese Beschleunigungskraft strebt nach dem Mittelpunkt und heißt darum Zentripetalkraft[1]). Ihre nach außen gerichtete Gegenkraft beträgt auch 52 kg. Sie wird **Fliehkraft** oder Zentrifugalkraft[2]) genannt.

---

[1]) petere (lat.) = streben nach.
[2]) fugere (lat.) = fliehen.

Ersetzen wir b durch $\dfrac{v^2}{r}$, so wird aus $Z = m \cdot b$

$$Z = m\,\frac{v^2}{r} \quad \cdots \cdots \quad (22)$$

Die Beschleunigungskraft Z **schreitet nicht** in ihrer Wirkungslinie **fort**. Darum ändert diese Kraft nicht den Arbeitsinhalt der Masse, folglich auch nicht die Größe der Umfangsgeschwindigkeit, sondern nur deren **Richtung**.

Beisp. 58. Ein Elektromotor macht 3000 U/min. Der Riemen ist weggenommen. Wir wollen annehmen, daß der Schwerpunkt des 50 kg schweren Läufers nur um $^{1}/_{10}$ mm = 0,0001 m von der Drehachse entfernt ist. Berechne die durch diesen Fehler entstandene Fliehkraft.

$$v = \frac{d\,\pi \cdot n}{60} = \frac{0{,}0002\,\pi \cdot 3000}{60} = 0{,}0314\ \text{m/s}$$

$$Z = m \cdot \frac{v^2}{r} = \frac{50 \cdot 0{,}0314^2}{9{,}8 \cdot 0{,}0001} = \frac{50 \cdot 0{,}00098}{9{,}8 \cdot 0{,}0001} = 50\ \text{kg.}$$

Obwohl v so klein ist und v^2 noch viel kleiner ist die **Fliehkraft** unerwartet groß, nämlich **gleich dem Gewicht** des Läufers. Dies beruht darauf, daß dem kleinen v^2 im Zähler im Nenner das noch kleinere r gegenüber steht, so daß der Bruch $\dfrac{v^2}{r}$ groß ist.

Durcheilt der Schwerpunkt die tiefste Stellung, so tragen die Lager $G \downarrow + Z \downarrow = 50 + 50 = 100$ kg. In der obersten Stellung des Schwerpunktes hebt das Gewicht des Läufers ↓ die Fliehkraft ↑ auf. Die Belastung der Lager schwankt also zwischen 0 und 100 kg, obwohl der Schwerpunkt nur um Haaresbreite von der Mittelachse entfernt ist.

Bild 109. Sobald der herabrollende Bär umkehrt, beschreibt sein Schwerpunkt mit großer Geschwindigkeit einen kleinen Halbkreis. Dadurch entsteht ruckartig eine starke Fliehkraft. Diese gefährdet die Seile sehr.

Beisp. 59. Das Polrad in Bild 120 macht im gewöhnlichen Betrieb 500 U/min. Im Schleuderversuch soll die Fliehkraft eines Poles 70 000 kg betragen. Der Schwerpunkt ist durch ein × markiert. Berechne die erforderliche Umlaufzahl.

Aus $\dfrac{m\,v^2}{r} = Z$ folgt

$$v^2 = \frac{Z \cdot r}{m} = \frac{70\,000 \cdot 0{,}54}{\dfrac{120}{9{,}8}} = 3040 \ \text{m}^2/\text{s}^2.$$

Hieraus $v = 55{,}2$ m/s.

$$n = \frac{60\,v}{d\,\pi} = \frac{60 \cdot 55{,}2}{2 \cdot 0{,}54 \cdot \pi} = 977 \ \text{U/min.}$$

Das Polrad macht im gewöhnlichen Betrieb nur 500 U/min.

Schleuderstand

Bild: 120

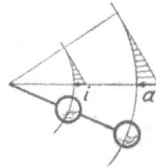

121

b) Schraubenflügel.

I. Bild 121. Beide Kugeln sind gleich schwer. Die äußere ist **doppelt** so weit von der Drehachse entfernt wie die innere. Darum beträgt die »Fallhöhe« a auch das Doppelte von i. Diese Strecken werden in der gleichen Zeit beschleunigt durchlaufen. Also muß die Beschleunigung und somit auch die Fliehkraft der äußeren Kugel **doppelt** so groß sein wie die der inneren. (Die äußere Kugel besitzt aber die $2^2 = 4$fache Wucht der inneren.)

Rückt die äußere Kugel nach innen, so **nimmt ihre Fliehkraft** ab wie die Strecke a, also **einfach wie der Abstand** von der Drehachse.

II. Bild 122 zeigt die Luftschraube eines Flugzeuges. Wir nehmen einen Flügel aus der Nabe
und bringen ihn, wie Bild 123 zeigt, über einer
Schneide ins Gleichgewicht.

y ist der Hebelarm, den der angedeutete
Massenpunkt (kleiner Metallwürfel) hat. Auch
die Schwerkräfte aller anderen Punkte wollen den
Flügel rechts herum drehen.

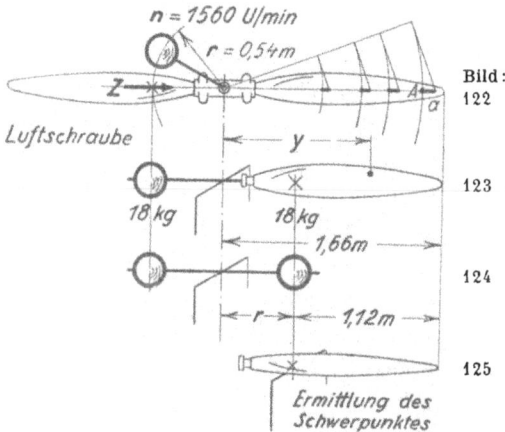

Bild:
122

123

124

125

Ermittlung des
Schwerpunktes

III. Nun denken wir uns einen Punkt *A*
(Bild 122) nach ← wandernd. Dann nimmt dessen
Fliehkraft ab wie die dick gezeichnete »Fallhöhe« *a*.
Diese Strecke nimmt aber auch ab wie der Halb-
messer des zugehörigen Kreisbogens oder wie der
Hebelarm des Massenpunktes oder wie sein Dreh-
moment.

Die **Fliehkräfte** der Massenpunkte sind also so
verschieden wie ihre **Drehmomente.**

In Bild 123 wird den Drehmomenten der **vielen**
Massenpunkte des rechten Flügels das Gleichgewicht gehalten durch das Drehmoment einer ein-

zigen Kraft (Kugel), die soviel beträgt wie das
Gewicht aller Massenpunkte (18 kg).

Sinngemäß dürfen wir die Fliehkräfte der vielen
Massenpunkte ersetzen durch eine einzige Fliehkraft, nämlich durch die **Fliehkraft der Kugel**.
Deren Mittelpunkt deckt sich mit dem **Schwerpunkt**
des Flügels (Bild 124).

Wir ermitteln ihn, indem wir den Flügel so
auf eine Schneide legen (Bild 125), daß er frei
schwebt. Also ist der Schwerpunktsabstand
$r = 1,66 — 1,12 = 0,54$ m.

.IV. Die **Wucht** muß aber aus dem auf S. 105
erläuterten Grunde berechnet werden, indem man
den Flügel durch möglichst viele Querschnitte
zerlegt, die Wucht der einzelnen Teile ermittelt
und summiert.

Beisp. 60. Berechne die Fliehkraft in der Nabe
der Luftschraube.

$$v = \frac{d\,\pi\,n}{60} = \frac{2\cdot 0,54\cdot \pi\cdot 1560}{60} = 88 \text{ m/s}$$

$$Z = m\cdot \frac{v^2}{r} = \frac{18\cdot 88^2}{9,8\cdot 0,54} = 26\,300 \text{ kg}.$$

Die Fliehkraft ist so gewaltig wie die Zugkraft einer
großen Lokomotive.

Dehnen wir die Rechnung auf die Maßeinheiten aus,
so gilt

$$Z = \frac{18 \text{ kg}\cdot (88 \text{ m/s})^2}{9,8 \text{ m/s}^2\cdot 0,54 \text{ m}} = 26\,300 \frac{\text{kg}\cdot \text{m}^2/\text{s}^2}{\text{m}^2/\text{s}^2} = 26\,300 \text{ kg}.$$

Weil der Motor nie ganz gleichmäßig läuft,
schwankt die Geschwindigkeit v des Flügelschwer-
punktes. Viel stärker schwankt gleichzeitig
die Fliehkraft Z, denn diese wächst und sinkt
wie das Quadrat der Geschwindigkeit v.

c) Kurbeltrieb.

Bild 127. Kolben und Schubstange sind starr miteinander verbunden. Der Kolbenbolzen wird durch

eine zweite Kurbel ge-
zwungen, sich wie der
untere Kurbelzapfen zu
bewegen.

Der Schwerpunkt der
schattierten Teile ist
durch ein × markiert. Er
beschreibt einen Kreis,
dessen Durchmesser
gleich dem Hub des
Kolbens ist. Die Flieh-
kraft der schattierten,

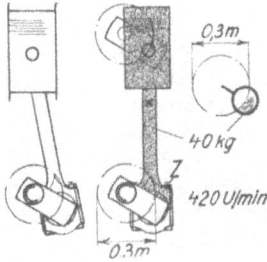

Bild: 126   127   128

40 kg schweren Teile ist gleich der Fliehkraft der
Kugel in Bild 128, wenn sie auch 420 U/min macht.

Beisp. 61. Berechne die Fliehkraft.

Die Umfangsgeschwindigkeit des Kugelmittelpunk-
tes folgt aus

$$v = \frac{d \, \pi \cdot n}{60} = \frac{0,3 \, \pi \cdot 420}{60} = 6,6 \text{ m/s}.$$

Also $Z = m \cdot \dfrac{v^2}{r} = \dfrac{40 \cdot 6,6^2}{9,8 \cdot 0,15} = 1185 \text{ kg}.$

Durchlaufen die Schraubenbolzen Z die höchste
Stellung, so erfahren sie einen Zug von

1185 kg ↑ — 40 kg ↓ = 1145 kg ↑.

Steht die Kurbel waagrecht, so wirkt die Fliehkraft ebenfalls waagrecht. In diesem Augenblick
ist die Kraft in den Schrauben gleich Null.

In der unteren Totlage drücken auf die Kurbel

1185 kg ↓ + 40 kg ↓ = 1225 kg ↓.

In Wirklichkeit verschiebt sich die Schubstange
nicht parallel, sondern pendelt wie in Bild 126. Dann
ist die Mittelpunktbeschleunigung in der **oberen** Totlage (und damit auch der Schraubenzug) **etwas größer**
als in dem vereinfachten Vorgang in Bild 127.

Langhübige Kurbeltriebe dürfen nur verhältnismäßig langsam laufen, weil sonst die
Fliehkräfte die Maschine zu stark erschüttern.

8*

d) Auswuchten.

I. Bild 129. Drehen wir diese Walze ein wenig, so pendelt sie wieder zurück, denn der S c h w e r - p u n k t strebt nach der tiefsten Stellung. Er liegt also a u ß e r h a l b der Drehachse.

Läuft die Walze, so bewirkt die **Fliehkraft,** daß die Blattfeder schlägt und zittert. Wenn die Flieh- kraft waagrecht ist, verbiegt sie die Feder am stärksten.

II. Im nächsten Bilde liegt der **Gesamt**schwer- punkt (großes ✕) genau in der Drehachse. Diese Walze bleibt also in jeder Stellung stehen. Läuft sie aber, so schlägt sie doch heftig.

Wir denken uns die Walze in 6 gleiche Ab- schnitte zerlegt. Der Schwerpunkt jedes Teiles (kleines ✕) liegt außerhalb der Drehachse. Also entstehen d o r t Fliehkräfte. Diese wollen die Walze k i p p e n. Mit wachsender Walzenlänge entfernen sich die **Teil**schwerpunkte immer mehr von der Drehachse. Im gleichen Maße wachsen auch die kippend wirkenden Fliehkräfte.

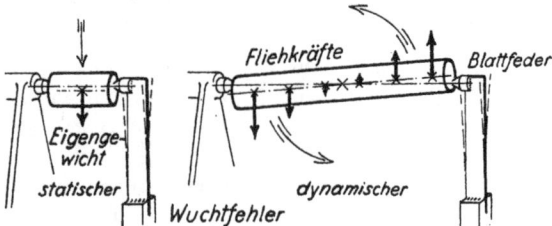

Der Körper bleibt in
der **tiefsten** Stellung stehen   **jeder** Stellung stehen
Bild: 129   130

Die linke Walze hat einen s t a t i s c h e n Wuchtfehler, denn wir finden ihn schon am ruhenden Körper. Da- gegen weist die rechte Walze einen d y n a m i s c h e n Wuchtfehler auf, weil wir ihn erst entdecken, wenn der Körper rasch läuft.

III. Wuchtfehler müssen ausgeglichen werden. Für **kurze** Läufer, z. B. Schleifscheiben, Schwungräder, genügt **statische** Auswuchtung. Hierzu setzt man die Achse auf Schneiden und sorgt durch Gegengewichte dafür, daß der Körper nicht mehr in dieselbe Stellung zurückpendelt, also in jeder Lage verharrt.

Lange Läufer, z. B. Messerwellen für Holzhobelmaschinen, müssen **dynamisch** ausgewuchtet werden. Man lagert ein Ende nachgiebig und läßt die Welle probeweise rasch laufen. Der Wuchtfehler ist aufgehoben (durch Gegengewichte), wenn der Körper endlich ruhig läuft.

V. Sachverzeichnis.

Technische Mechanik

Von E. SCHNACK VDI

Teil II: Gleichgewichtslehre

104 Seiten, 195 Abbildungen, 54 Beispiele
Kl.-8⁰. 1939. Kart. RM. 1.80

Unsere Zeit verlangt von jedem höchste Leistungen.
Das Rüstzeug für diesen Leistungskampf ist eine gute
Fachausbildung. Gute Fachbücher sollten daher noch
mehr als bisher benutzt und in den Dienst des Vierjahresplanes gestellt werden.

Der Lehrstoff dieser aus zwei Teilen bestehenden „Technischen Mechanik" ist in einfacher, betriebsnaher und
anschaulicher Form gestaltet. Eindringliche Bilder und
zahlreiche handgreifliche Beispiele aus den verschiedensten Gebieten technischer Arbeit erleichtern das Verständnis und regen den Leser an, seine eigene Berufsarbeit zu durchdenken.

Die beiden Büchlein werden von unserem technischen
Nachwuchs sicher begrüßt werden.

„Bahn-Ingenieur, Berlin".

VERLAG R. OLDENBOURG, MÜNCHEN 1 u. BERLIN